Franzis-Taschenbuch

Ing. Dietmar Benda

Wie liest man eine Schaltung?

Methodisches Lesen und Auswerten von Schaltungsunterlagen

Mit 75 Abbildungen und 29 Tabellen
6., verbesserte und erweiterte Auflage

Franzis'

Franzis-Taschenbuch Nr. 73

CIP-Kurztitelaufnahme der Deutschen Bibliothek

Benda, Dietmar:
Wie liest man eine Schaltung?: Method. Lesen u. Auswerten von Schaltungsunterlagen / Dietmar Benda. – 6., verb. u. erw. Aufl. – München: Franzis, 1987.
(Franzis-Taschenbuch; Nr. 73)
ISBN 3-7723-0736-1
NE: GT

Satz: SatzStudio Pfeifer, Germering
Druck: Druckerei Bommer GmbH Miesbach.
Printed in Germany. Imprimé en Allemagne.

ISBN 3-7723-0736-1

Vorwort

Schaltungsunterlagen sind Darstellungen des Gerätes oder der elektronischen Anlage, mit deren Hilfe die Schaltungstechnik und der Funktionsablauf erkannt und ausgewertet werden können.

Wie schnell ein Techniker den Informationsgehalt einer Schaltung auswerten und in entsprechende Maßnahmen seiner Prüf- oder Servicearbeit umsetzen kann, ist in entscheidenden Maße davon abhängig, mit welchen fachlichen aber auch methodischen Voraussetzungen er diese Aufgabe angeht. Bedenkt man, daß das Lesen und Auswerten der Schaltungsunterlagen einen hohen Prozentsatz an den auszuführenden Arbeiten ausmacht — je nach Art des Gerätes 50 bis 70 % —, ist es sinnvoll auch in diesem wesentlichen Tätigkeitsmerkmal nach methodisch effektiven Verfahrensweisen vorzugehen.

Sinn und Zweck dieses Büchleins soll es sein, im Lesen von Schaltungsunterlagen methodische und praktikable Wege aufzuzeigen, sowie die dazu erforderlichen Tips und Ratschläge der Erfahrungen aus der Praxis zu vermitteln.

Darüber hinaus soll aber auch die Handhabung umfangreicher Schaltungsunterlagen — vor allem, wenn sie über mehrere Seiten gehen — verständlich gemacht werden. Auch die größtenteils nach gleichen Gesichtspunkten gehandhabten Orientierungs- und Darstellungssysteme der Elektroindustrie sollen anhand von Beispielen ihrer "Sieben Siegel" beraubt werden.

Vor allem den Youngstern, sei es als Berufsanfänger oder Schulabgänger, soll das Verständnis vermittelt werden, das ihm den Übergang von der "sterilen" Lehrbuchschaltung in die Industrieschaltung erleichtert und die sonst damit verbundenen Anlaufprobleme und Fehlschläge vermeiden helfen.

Die in diesem Buch enthaltenen Schaltungsauszüge und Schaltungsunterlagen sind ausschließlich Industrieunterlagen entnommen, die von den nachfolgend aufgeführten Firmen zur Verfügung gestellt wurden:

GRUNDIG, Fürth
HAMEG, Frankfurt
HELLIGE, Freiburg i.Br.
HEWLETT PACKARD, Böblingen
NORDMENDE, Bremen
PAL, Stuttgart
PICKER INTERNATIONAL, München
SIEMENS, München
STANDARD-ELEKTRIK-LORENZ AG, Stuttgart

Wichtiger Hinweis

Die in diesem Buch wiedergegebenen Schaltungen und Verfahren werden ohne Rücksicht auf die Patentlage mitgeteilt. Sie sind ausschließlich für Amateur- und Lehrzwecke bestimmt und dürfen nicht gewerblich genutzt werden*).

Alle Schaltungen und technischen Angaben in diesem Buch wurden vom Autor mit größter Sorgfalt erarbeitet bzw. zusammengestellt und unter Einschaltung wirksamer Kontrollmaßnahmen reproduziert. Trotzdem sind Fehler nicht ganz auszuschließen. Der Verlag sieht sich deshalb gezwungen, darauf hinzuweisen, daß er weder eine Garantie noch die juristische Verantwortung oder irgendeine Haftung für Folgen, die auf fehlerhafte Angaben zurückgehen, übernehmen kann. Für die Mitteilung eventueller Fehler sind Autor und Verlag jederzeit dankbar.

---

*) Bei gewerblicher Nutzung ist vorher die Genehmigung des möglichen Lizenzinhabers einzuholen.

Inhalt

Definitionen 9

1 **Das Wesentliche vom Unwesentlichen unterscheiden** 11

2 **Hauptfunktionen aus Neben- oder Hilfsfunktionen erkennen** 17

2.1 Beispiele anhand von Verstärkern aus der Praxis . 20
2.2 Beispiel anhand einer Impulsschaltung 24
2.3 Beispiel einer Zählkettenschaltung 26
2.4 Beispiel einer Regelschaltung 28

3 **Schaltungsmaßnahmen zur Erzeugung und Stabilisierung von Arbeitspunkten erkennen und in ihrer Wirkung abschätzen lernen** 31

3.1 Gebräuchliche Schaltungen zur Arbeitspunkterzeugung 31
3.2 Schaltungen zur Arbeitspunktstabilisierung 32
3.3 Schutz- und Begrenzerschaltungen in diskreten und integrierten Schaltungen 33
3.4 Beispiele aus der Praxis 37

4 **Kopplungsarten in ihrer Funktion erkennen** 42

4.1 Verbindungskopplungen 43
4.2 Gegenkopplungen 46
4.3 Mitkopplungen 51

5 **Signalwege und Funktionsabläufe festlegen** 56

5.1 Kennzeichnung der Signalwege zu analogen Schaltungen 56
5.2 Kennzeichnung des Funktionsablaufs bei zwei digitalen Schaltungen 59

5.3 Pegel- und Leistungsanpaßschaltungen am Mikrocomputer . . . 63
5.4 Tri-state-Ausgänge oder Bus-Funktionen . . . 68
5.5 Mikrocomputer-Schaltung . . . 78

6 Schaltungen in Übersichtsplänen dargestellt . . . 84

7 Schaltungsunterlagen in der Praxis anwenden . . . 92

8 Bezeichnungs- und Orientierungssysteme gebräuchlicher Industrieunterlagen . . . 105

8.1 Referenzbezeichnungen . . . 105
8.2 Werksnormen für Stromlaufpläne und Funktionsabläufe . . . 107
8.3 Kennwert und Datenblätter . . . 112
8.4 Flußdiagramme, Befehlslisten . . . 115

9 Darstellungshilfen für speicherprogrammierbare Steuerungen . . . 118

9.1 Betriebsmittel- und Zuordnungsliste . . . 119
9.2 Kontaktplan (KOP) . . . 119
9.3 Anweisungsliste (AWL) . . . 120
9.4 Funktionsplan (FUP) . . . 121

10 Anhang . . . 124

10.1 Genormte und international angewendete Schaltzeichen . . . 124
10.1.1 Stromquellen . . . 124
10.1.2 Sicherungen, Bezugspotentiale . . . 125
10.1.3 Leitungen und Steckverbindungen . . . 125
10.1.4 Einstellung und Veränderung . . . 126
10.1.5 Widerstände . . . 127
10.1.6 Spulen . . . 128
10.1.7 Kondensatoren . . . 128
10.1.8 Halbleiter . . . 129
10.1.9 Halbleiterdioden und Vierschichtelemente . . . 130
10.1.10 Bipolare Transistoren . . . 132
10.1.11 Unipolare Transistoren . . . 132

10.1.12 Grundform digitaler Verknüpfungsglieder. 133
10.1.13 Negation 133
10.1.14 Statische und dynamische Eingänge 134
10.1.15 Binäre Verknüpfungsglieder. 135
10.1.16 Kippglieder, Register und Speicher 136
10.2 International gebräuchliche Abkürzungen in englischer Sprache 138
10.2.1 Referenzkennzeichnungen – Reference Designators 138
10.2.2 Weitere Abkürzungen – Abbreviations. 138
10.3 Teilerverhältnisse von Spannungsteilern 141
10.4 Parallelschaltung von Widerständen, Serienschaltung von Kondensatoren 143
10.5 Widerstand, Spannung, Strom, Leistung. 144
10.6 Internationaler Farbcode für Widerstände, Kondensatoren und Dioden. 145
10.7 Kennzeichnungsschlüssel für Tantalelektrolytkondensatoren 147
10.8 Transistoranschlüsse. 148
10.9 Symbole für Flußdiagramme nach DIN 66001 . . 149
10.10 Erläuterung der Anschlußbezeichnungen an IC's . 150

Sachverzeichnis 155

Definitionen

Zur allgemeinen Verständigung sei hier auf einige Definitionen der in diesem Buch auftretenden Begriffe hingewiesen.

Polaritätsangabe: Der Spannungspfeil zeigt vom Pluspol zum Minuspol *(Abb. 1).*
Stromrichtung: Die in den Abb. verwendeten Strompfeile zeigen die technische Stromrichtung an (Abb. 1).
Bezugspotential: Sämtliche in den Schaltungen angegebenen Spannungswerte beziehen sich, wenn nicht besonders gekennzeichnet, auf das in *Abb. 2* dargestellte Symbol für das Bezugspotential.

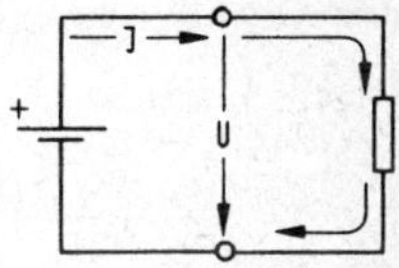

1. Definition der Stromrichtung und der Spannungspolarität

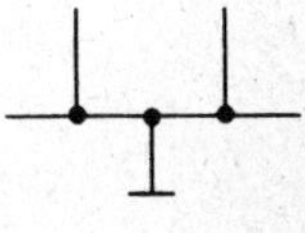

2. Symbol für Bezugspotential

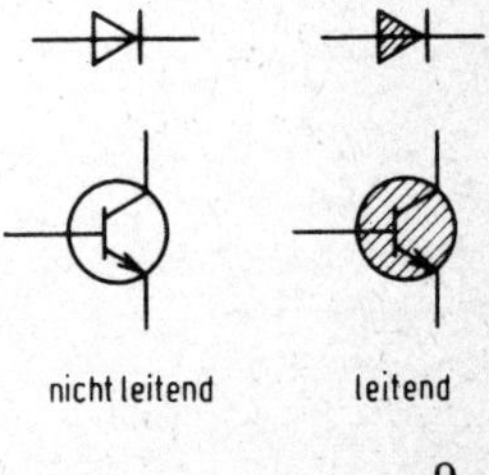

3. Symbole für leitende und nichtleitende Halbleiterbauelemente

Die Definition "gesperrt"bzw. "nichtleitend" wird für Bauelemente angewendet, die keinen Strom führen; die Definition "leitend" für Bauelemente, die Strom führen.

Eine gesonderte Kennzeichnung der Transistor- und Diodensymbole im leitenden Zustand der Bauelemente entsprechend *Abb. 3* erfolgt bei Schaltungsbeispielen, wo dies aus methodischen Gründen erforderlich ist.

Rückkopplungen werden nach Mitkopplungen und Gegenkopplungen unterschieden. Bei Mitkopplungen wird das Signal mit gleicher Polarität und Phase vom Ausgang an den Eingang zurückgeführt. Die Rückführung mit umgekehrter Polarität und Phase definiert die Gegenkopplung.

Die Definition "Stufe" (z.B. Verstärkerstufe) bezieht sich immer auf den Transistor und die dazu erforderlichen Bauelemente, z.B. Kollektor- und Emitterwiderstand und Basisspannungsteiler.

1 Das Wesentliche vom Unwesentlichen unterscheiden

Beim Lesen von Schaltungen kommt es darauf an, möglichst rasch die Schaltungsunterlagen auf ihre Funktion zu analysieren und auszuwerten.

Wie geht man dabei am besten vor, besonders dann, wenn es keine Schaltungsbeschreibung gibt?

Beim ersten Betrachten der Schaltungsunterlage sollte man versuchen, alle an der Gesamtfunktion beteiligten Grundschaltungen zu erkennen (z.B. Verstärkerstufen, Impedanzwandler, Trennstufen, Kippstufen u.s.w.). Die Schaltung wird sozusagen mit dem Auge in ihre Grundbestandteile zerlegt, wobei man einzelne Netzwerke und Bauelemente vorerst vollkommen außer Betracht lassen kann, um sie dann langsam zu ihrer nun erkennbaren Gesamtfunktion wieder zu vereinigen. Dabei können äußere gekennzeichnete Bedienungsbauelemente – wie z.B. Eingangs- und Ausgangsbuchsen, Potentiometer für Amplitudenänderungen, Stufenabschwächer und Bereichsschalter – den Eindruck von der Gesamtfunktion, sozusagen als Indizienkette, verdichten helfen.
Dazu ein Beispiel:
Die *Abb. 1.1* zeigt die Schaltung eines Rechteck-Sinusgenerators.

Der Generator hat folgende gekennzeichnete Bedienungselemente:

- Potentiometer zur Frequenzeinstellung
- Potentiometer zur Amplitudeneinstellung
- Schalter zur dekadischen Frequenzeinstellung
- Schalter zur dekadischen Amplitudeneinstellung
- Umschalter für die Funktionen Rechteck-Sinus

Die insgesamt fünf Transistorstufen des Schaltbildes lassen schon durch die optische Aufteilung auf zwei verschiedene Funktionsgruppen schließen.

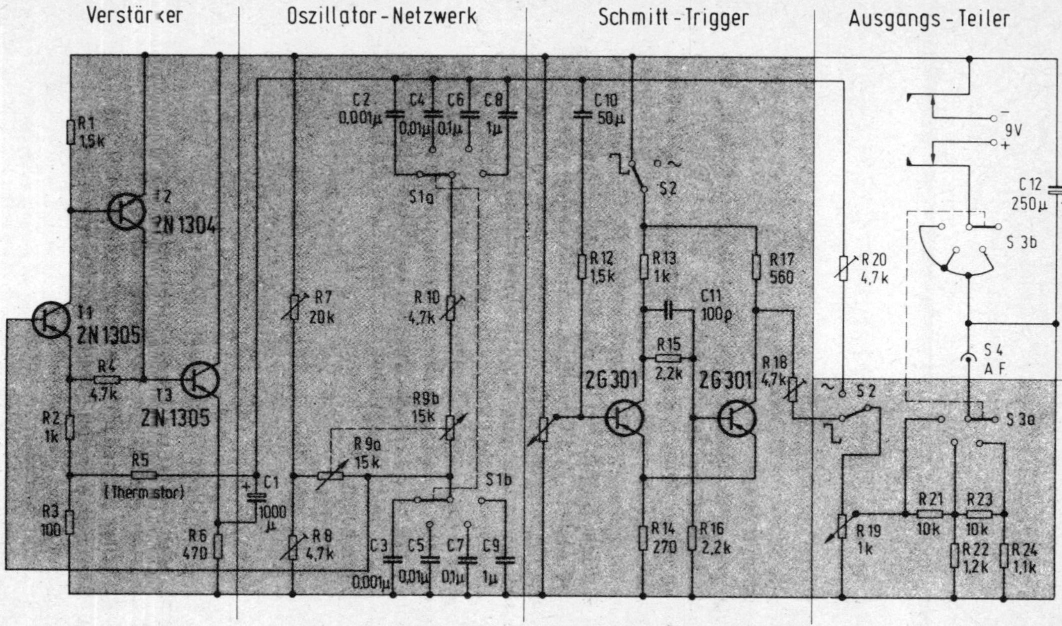

1.1 Funktionsgruppen eines RC-Generators

Die Stufen T 1 und T 2 sind als Spannungsverstärkerstufen (Emittergrundschaltung) zu erkennen, die Stufe T 3 als Impedanzwandler, bzw. Emitterfolger (Kollektorgrundschaltung). Der Ausgang dieser Verstärkergruppe liegt am Emitter vom Transistor T 3.

Die etwas verwirrende Darstellung der komplementären Stufen T 1 und T 2 läßt zwar nicht auf Anhieb zwei Verstärkerstufen erkennen. Man sieht aber auch, daß es sich hier nicht um eine Kippstufe handelt. Dies ist an der Art der Kopplung, Kollektor-Basis, bzw. Kollektor-Emitter erkennbar. Die Anordnung des Emitterfolgers ist eindeutig.

Im Gegensatz dazu lassen die Transistorstufen T 4 und T 5 sofort die Kippstufe und durch die Kopplungsanordnung die Grundschaltung des Schmitt-Triggers erkennen.

Anhand der bekannten Funktionsaufgaben des Generators ist es jetzt nicht mehr schwer die Aufgaben der einzelnen Schaltungseinheiten zu erkennen. Die Verstärkergruppe ist Bestandteil des Sinusgenerators, der Schmitt-Trigger dient zur Umwandlung in Rechteckschwingungen.

Diese Funktionen werden durch die Anordnung der Schaltkontakte des Umschalters bestätigt. Durch den Teilschalter V2b wird die Versorgungsspannung des Schmitt-Triggers zu- oder abgeschaltet. Die zweite Funktion V2a schaltet wahlweise vom Ausgang des Schmitt-Triggers auf den Ausgang des Verstärkers (Verbindung R 20, C 1, Emitter T 3).

Einmal am Ausgang des Verstärkers wieder angelangt, läßt sich anhand der Anordnung der Kondensatoren C 2 bis C 10 und der Widerstände R 9a, b und R 10 die Wien-Robinson-Brücke erkennen. Sie liegt im Ausgang des Verstärkers und außerdem mit einer direkten Verbindung an der Basis von T 1, womit gleichzeitig der Eingang des Verstärkers fixiert ist. Der Generator stellt somit eine Wienbrückenschaltung dar.

Zur vollständigen Absicherung des Gesamteindrucks der Schaltungsfunktion ist es zweckmäßig sich der Funktionseingriffe der restlichen Bedienungselemente zu vergewissern. Der Feinabschwächer R 19 liegt wahlweise im Ausgang der Funktionseinheiten als Abschlußwiderstand. Der Spannungsteiler hat zwei Segmente. Mit einem Segment wird lediglich die Betriebsspannung ein- und ausgeschaltet. Das zweite Segment schaltet die Bereiche des Spannungsteilers R 21 bis R 24.

Abschließend sollte man auch noch die Abgleichmöglichkeiten der Trimmpotentiometer festhalten.

Damit wurde im wesentlichen die Schaltung des Funktionsgenerators analysiert.

Fassen wir die wesentlichsten Erkenntnisse aus diesem Beispiel zusammen:

- Gesamtschaltbild betrachten und Funktionsgruppen herausfinden
- Funktionsgruppen definieren
- Zusammenwirken der Funktionsgruppen unter Einbeziehung der Bedienungselemente feststellen

Die Betrachtung eines weiteren Beispiels unter Berücksichtigung der Analysierungsregeln soll anhand der Schaltung *Abb. 1.2* erfolgen.

Von der Schaltung ist bekannt, daß sie aufgrund eines Signals am Eingang, die Lampe in der letzten Stufe einschaltet und über den Ausgang gleichzeitig einen Schaltimpuls abgibt. Betrachtet man das Schaltbild genauer, dann lassen sich die Transistorstufen auf den ersten Blick in drei Funktionsgruppen aufteilen. Die letzte Stufe T 42 als Schaltstufe, sowie die Stufen T 40, T 41 als Schmitt-Trigger, erkennbar an den Kopplungen.

Die dritte Funktionsgruppe bilden die Stufen T 37, T 38 und T 39.

Die genauere Betrachtung dieser Stufen zeigt aber eine weitere mögliche Funktionstrennung zwischen der Stufe T 37 als Verstärker und den Stufen T 38 und T 39 als Impulsformerschaltung. Erkennbar sind diese Funktionen anhand der Kopplung und an der Beschaltung. Die Stufe T 37 bildet zusammen mit den Kondensatoren C 16, C 17 und C 18 einen Bandpaßverstärker.

Die kapazitiv gekoppelte Impulsformerschaltung T 38 und T 39 ist in ihrer Ruhelage durch das Potentiometer R 114 auf einen Wert eingestellt, der T 38 nichtleitend hält und den galvanisch gekoppelten Transistor T 39 dadurch leitend. Durch die Spitzen der verstärkten Spannung wird bei Überschreiten der eingestellten Schwellenspannung die Impulsformerschaltung in die andere Lage umgeschaltet, T 38 leitet und T 39 sperrt. Mit der dadurch am Kollektor des Transistors T 39 anstehenden Spannung wird über die Entkopplungsdiode D 49 der Kondensator C 20 aufgeladen. Die Diode D 49 verhindert, daß

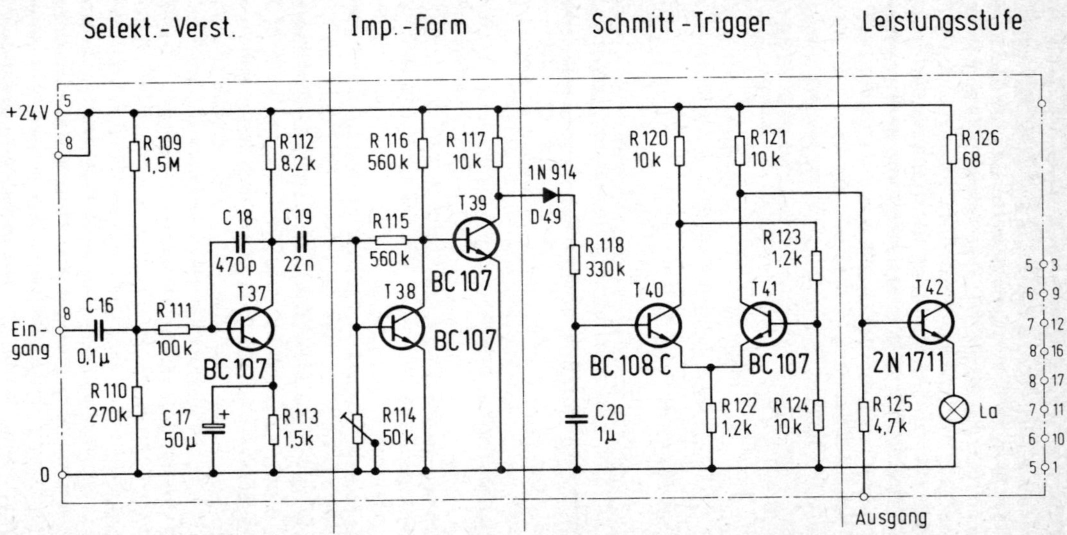

1.2 Funktionsgruppen einer Indikatorschaltung

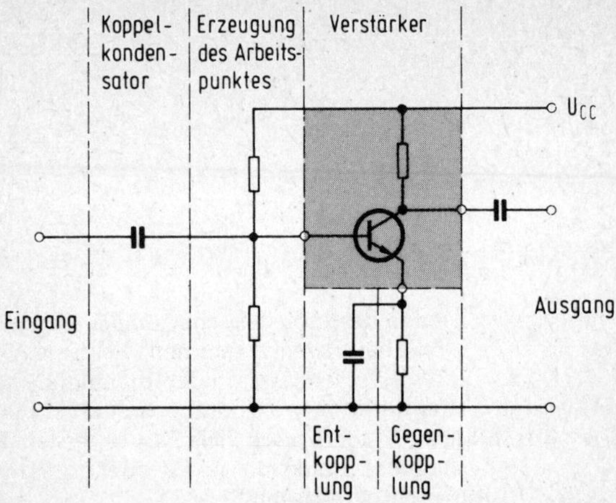

2.1 Verstärkerstufe

Dieses Beispiel hat gezeigt, daß eine Grundfunktion unter den unterschiedlichsten Schaltungsvarianten auftreten kann. Es hat daher keinen Zweck, sich nur eine oder mehrere Schaltungsvarianten einzuprägen und mit diesen Vorbildern sozusagen im Soll-Ist-Vergleich abzuprüfen.

Viel leichter tut man sich, wenn man nach den Grundfunktionen sucht und die daran angeordneten Bauelemente und Netzwerke auf ihre Funktionsaufgaben überprüft.

Man würde bei einer Verstärkerschaltung entsprechend Abb. 2.1 wie folgt vorgehen:

- Grundschaltung aufgrund der Anordnung von Ein- und Ausgang definieren
- Bauelemente zur Erzeugung des Arbeitspunktes bestimmen
- Weitere Bauelemente auf ihre Funktionen als Gegenkopplung (Arbeitspunktstabilisierung), Kopplungselemente oder frequenzabhängige Netzwerke überprüfen.

Diese Überlegungen können bei Impuls- oder Digitalschaltungen ebenfalls angewendet werden. In *Abb. 2.2* ist ein Flipflop dargestellt. Bekanntlich liegt allen Flipflop als Zähl- oder Speicherfunktion die bistabile Kippstufe als Schaltung zugrunde.

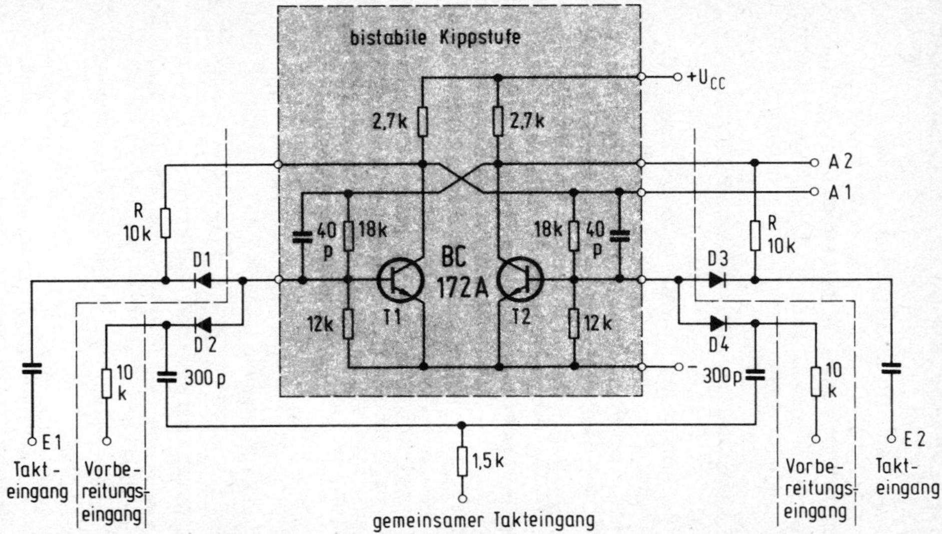

2.2 Flipflopschaltung

Auch hier gilt es zuerst die Grundfunktion anhand der dazu erforderlichen Bauelemente zu erkennen und dann die Nebenfunktionen zu definieren.

Die bistabile Kippstufe in ihrer Grundfunktion wird durch die Transistoren, die Kollektorwiderstände R = 2,7 k und die Koppelnetzwerke R = 18 k und R = 12 k sowie C = 40 p dargestellt.

Entsprechend der Funktion, befinden sich die Eingänge an der Basis und die Ausgänge A1 und A2 an den Kollektoren. Die Eingangsnetzwerke erweitern die bistabile Grundschaltung zu einem getakteten Flipflop.

Die getrennten Takteingänge E 1 und E 2 wirken über C = 300 p und die Diode auf die Eingänge der bistabilen Kippstufe. Durch den Widerstand R_v wird der Takteingang immer gesperrt, der an den nichtleitenden Transistor angeschlossen ist, da die Diode D1 bzw. D3 durch die hohe positive Spannung gesperrt ist. Der gemeinsame Takteingang wirkt über die Kondensatoren C = 300 p und die Dioden D 2 und D 4 auf die Eingänge der Kippstufe. Die negative Polarität des differenzierten Rechteckimpulses wird jeweils am leitenden Transistor wirksam, dieser Transistor wird nicht leitend und löst den Kippvorgang aus. Der gemeinsame Takteingang kann über die Vorbereitungseingänge jeweils blockiert, bzw. freigegeben werden.

Zur Blockierung des Takteinganges ist eine positive Gleichspannung in Höhe von U_{CC} erforderlich, damit die Dioden D 2 und D 4 gesperrt werden. Freigegeben wird der Takteingang durch Nullpotential am Vorbereitungseingang.

2.1 Beispiele anhand von Verstärkern aus der Praxis

Nachdem anhand von zwei grundlegenden Beispielen der Sinn dieser Betrachtungsweise dargestellt wurde, werden nun einige Schaltungsbeispiele aus der Industriepraxis nach dieser Methode analysiert. In *Abb. 2.3* ist ein dreistufiger Spannungsverstärker als Bestandteil einer größeren Funktionseinheit (TF-Verstärker) dargestellt.

Aus der Anordnung der Ein- und Ausgänge ist ersichtlich, daß die Stufen T 22 und T 23 als Spannungsverstärker (Emittergrundschaltung) wirksam sind. Transistor T 24 arbeitet als Emitterfolger (Kollektorgrundschaltung), diese Funktion kann man an der Anordnung des Ausgangs am Emitter erkennen. Die

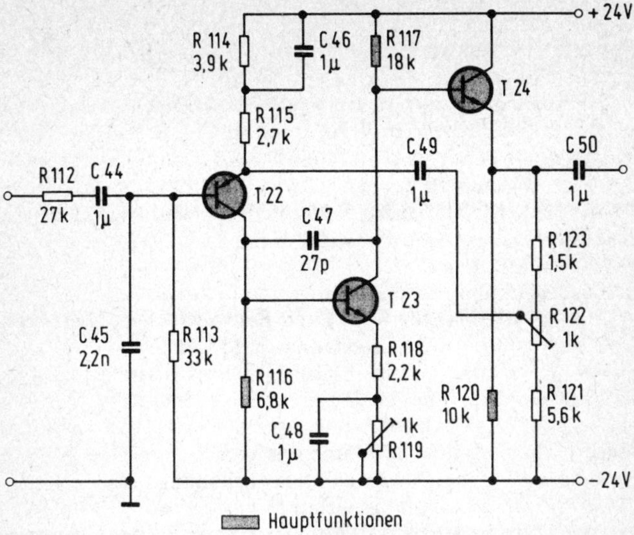

2.3 Dreistufiger Verstärker

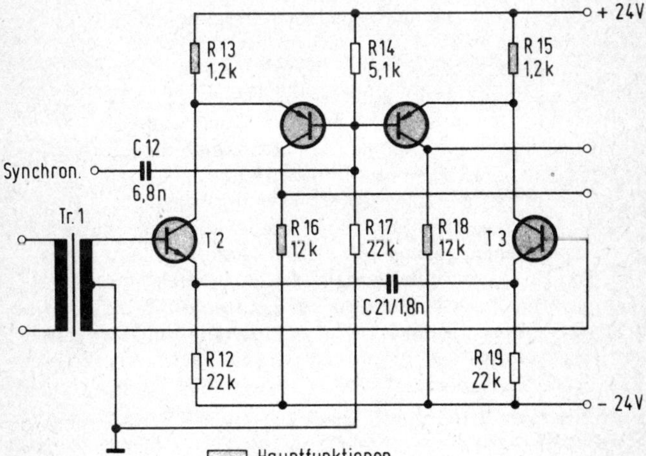

2.4 TF-Meßverstärker

Arbeitswiderstände für die Stufen T 22 und T 23 sind die Widerstände R 116 und R 117, für die Stufe T 24 der Emitterwiderstand R 120.

Die Erzeugung der Spannung für den Arbeitspunkt erfolgt an der Stufe T 22 durch den Vorwiderstand R 113, der an 0 V angeschlossen ist, wodurch die Basis des pnp-Transistors negative Spannung zu dem an + 24 V angeschlossenen Emitter anliegen hat. Für die Stufen T 23 und T 24 wird aufgrund der direkten Kopplung kein Vorwiderstand, bzw. Basisspannungsteiler, benötigt.

Als Gegenkopplungsmaßnahme sind in der Stufe T 22 im Emitter die Widerstände R 114 und R 115 wirksam. Die Gegenkopplungswirkung des Widerstandes R 114 für Wechselspannungen ist durch den Kondensator C 46 unwirksam gemacht. In der Stufe T 23 befindet sich die gleiche Schaltungsanordnung. Lediglich der Gegenkopplungswiderstand R 119 ist in dieser Stufe einstellbar, wodurch der Verstärkungsgrad in kleinen Grenzen verändert werden kann (Erhöhung oder Verminderung der Gegenkopplungswirkung).

Als weitere Gegenkopplungsmaßnahme wirkt der Kondensator C 47, der allerdings durch seine geringe Kapazität von C = 27 pF lediglich als Phasenkompensation für hohe Frequenzen wirksam wird, wodurch die Selbsterregung der Stufen vermieden werden soll.

Eine weitere, nicht sofort in ihrer Funktion durchschaubare, einstellbare Rückkopplung für Wechselspannung, bildet der Kondensator C 49 zusammen mit den Widerständen R 122, R 123 und den Widerstand R 121. Durch diese Schaltungsfunktion wird die Gegenkopplungswirkung des Widerstandes R 115 in der Stufe T 22 verstärkt oder abgeschwächt.

Diese Wirkung wird durch folgende Überlegung deutlich: Das Eingangssignal gelangt mit gleicher Polarität an den Ausgang, das zurückgekoppelte Signal ist daher auch polaritätsgleich mit der Wechselspannung am Emitter von T 22. Je nach Stellung des Potentiometers wird dadurch die Emitterwechselspannung in ihrer Gegenkopplungswirkung mehr oder weniger erhöht oder vermindert.

Ein weiteres Schaltungsbeispiel aus einem TF-Meßverstärker zeigt die *Abb. 2.4*.

An dem Eingang des Übertragers liegt im Betriebsfall eine NF-modulierte HF-Trägerfrequenz an. Da hier die Basisanschlüsse der Transistoren T 2 und T 3 gesteuert werden, und an den Kollektorausgängen die nächstfolgenden Stufen T 4 und T 5 angeschlossen sind, kann es sich nur um Verstärkerstufen (Emittergrundschaltungen) handeln.

Ein Merkmal für die Definition von Eingang und Ausgang einer Schaltung sind immer die Elektrodenbelegungen der Transistorgrundschaltungen. An einem Transistor kann immer nur Basis oder Emitter als Eingang benutzt werden (vgl. Tabelle 2.1). Als Ausgänge kommen nur Emitter und Kollektor in Frage.

Tabelle 2.1

Signale an	Eingang	Ausgang
Basis-Kollektor	Basis	Kollektor
Emitter-Basis	Basis	Emitter
Kollektor-Emitter	Emitter	Kollektor

Bei Beachtung dieser Definitionen läßt sich die Verstärkerrichtung sehr schnell feststellen. Für das Beispiel in Abb 2.4 sind die Signalanschlüsse die Basen der Transistoren T 2 und T 3 und die Kollektoren der Transistoren T 4 und T 5. Somit steht, entsprechend der Definition in Zeile 1 der Tabelle 2.1, die Verstärkerrichtung fest. Eingang an T2 und T 3; Ausgang an T 4 und T 5.

Nachdem bereits zuvor die Stufen T 2 und T 3 in ihrer Funktion definiert waren, verbleiben noch die Stufen T 4 und T 5. Aus der Schaltung ist ersichtlich, daß die Emitteranschlüsse dieser Stufen an den Kollektoren der Stufen T 2 und T 3 direkt angeschlossen sind. Die Ausgänge befinden sich, entsprechend der Definition in Tabelle 2.1, Zeile 3, an den Kollektoren. Dies entspricht der Funktion einer Basisgrundschaltung.

Die Arbeitswiderstände liegen jeweils in den Elektrodenzuleitungen, die auch den Anschlußpunkt für den Ausgang bilden.

Für dieses Schaltungsbeispiel sind dies daher die Widerstände R 13 und R 15 für die Stufen T2 und T3, für die Stufen T4 und T5 die Widerstände R 16 und R 18.

Nebenfunktionen haben folgende Bauelemente:
Die Widerstände R 14 und R 17 wirken als gemeinsamer Spannungsteiler zur Arbeitspunkterzeugung der Stufen T4 und T5. Die Emitter-Widerstände R 12 und R 19 wirken als Stromgegenkopplung für die Stufen T2 und T3. Die gleiche Aufgabe

haben die Widerstände R 13 und R 15 für die Stufen T4 und T5. Diese Widerstände üben damit eine Doppelfunktion aus. Der Kondensator C 21 zwischen den Emitteranschlüssen der Stufen T2 und T3 dient zur Phasenkompensation.

Zur Synchronisation des Trägerfrequenzverstärkers wird über den Kondensator C 12 ein Teil des Trägerfrequenzsignales eingespeist.

2.2 Beispiel anhand einer Impulsschaltung

In *Abb. 2.5* ist der Schaltungsausschnitt eines Signalgenerators dargestellt.

Die Art der Darstellung ist sehr verwirrend und läßt nur schwer die Grundfunktionen erkennen.

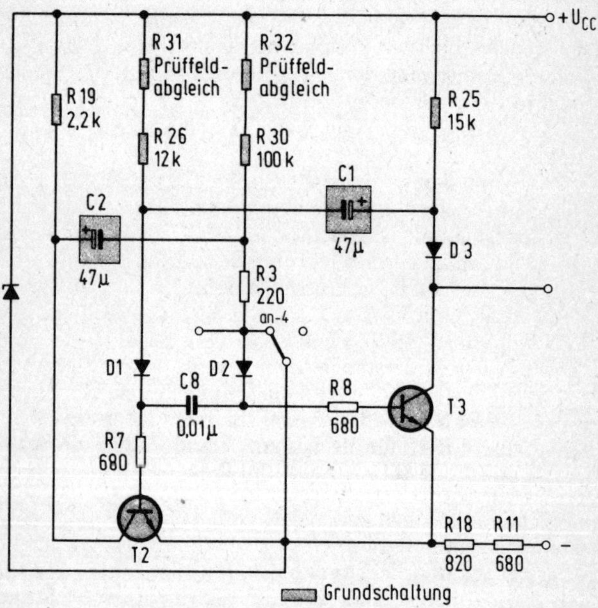

2.5 Signalgenerator

Da es sich hier mit Sicherheit um eine selbsterregte Schaltung handelt, muß als erstes nach der Anzahl und der Art der Rückkopplungen gesucht werden. Von allen Rückkopplungen bei selbsterregten Generatoren ist bekannt, daß sie als Mitkopplungen wirken.

In der Regel führen die Mitkopplungen vom Kollektor zur Basis. Eine weitere Möglichkeit besteht in der Kopplung zwischen den Emittern.

Entsprechend diesen Überlegungen beginnt man eine Kopplung am Kollektor von T2 nach der Basis von T3 zu suchen. Man findet auch eine kapazitive Kopplung C2, die über R3, D2 und R8 an die Basis von T3 führt. Umgekehrt führt ebenfalls eine kapazitive Kopplung vom Kollektor T3 über D3, C1, D1 und R7 an die Basis von T2.

Diese beiden Kopplungsarten lassen die Vermutung zu, daß es sich hier um eine astabile Kippschaltung, also um einen Rechteckgenerator handelt.

Ausgehend von diesem Schaltungsprinzip werden jetzt noch die dazu fehlenden Bauelemente gesucht.

Die Basiswiderstände erkennt man an den aufgeteilten Widerständen R26 und R31, bzw. R30 und R32. Die Widerstände R19 und R25 sind die Kollektorwiderstände. Damit ist die Prinzipschaltung des astabilen Multivibrators fixiert. Alle anderen Bauteile haben Nebenfunktionen, die auf das Funktionsprinzip keinen Einfluß haben.

Die Diode D3 verhindert, daß Entladeströme des Kondensators C1, die infolge der Spannungsschwankungen von U_{cc} auftreten können, den Transistor T2 sperren.

Die Dioden D1 und D2 schützen die Transistoren T2 und T3 vor zu hohen Spannungen.

Die Widerstände R7 und R8 haben ebenfalls eine Schutzfunktion gegenüber zu hoher Basisströme.

Aufgrund der Darstellungsform ist sehr schwer zu erkennen, welche Funktion die Z-Diode ZD2 und die Widerstände R18 und R11 haben.

Da die Z-Diode zwischen $+U_{cc}$ und den Emitteranschlüssen der Transistoren liegt, zur Schaltung also parallel liegt, ist ersichtlich, daß diese Diode die eigentliche Versorgungsspannung für die Schaltung erzeugt, die über die Vorwiderstände R11 und R18 aus der Betriebsspannung $+U_{cc}$ gewonnen wird.

2.3 Beispiel einer Zählkettenschaltung

In *Abb. 2.6* ist die Schaltung einer dreigliedrigen Zählkette dargestellt. Bevor die Schaltfunktion im einzelnen besprochen wird, soll auch diese Industrieschaltung — die ebenfalls nach räumlichen und nicht nach funktionalen Gesichtspunkten dargestellt ist — nach ihren Hauptfunktionen und der dazugehörenden Bauelemente geordnet werden.

Entsprechend der Funktionsbezeichnung muß es sich um Schaltstufen handeln, die miteinander nach einem bestimmten Funktionsprinzip gekoppelt sind.

Aus der Bezeichnung der Kollektorwiderstände R31 bis R33 ist die Zuordnung zu den einzelnen Kollektoranschlüssen ersichtlich.

Der Widerstand R33 ist der Kollektorwiderstand von Transistor T3, entsprechend R32 von T2 und R31 von T1.

Aus der Schaltungsanordnung sind außerdem die Kopplungen der einzelnen Schaltstufen ersichtlich.

Die Stufe T3 koppelt vom Kollektor (Anschluß R33) über den Widerstand R2 an die Basis der Stufe T1 und über den Widerstand R5 an die Basis von T2. Die Stufe T2 (Anschluß R32) koppelt vom Kollektor über den Widerstand R2 an die Basis der Stufe T3 und über R5 an die Basis von T1.

Die Stufe T1 (Anschluß R31) koppelt vom Kollektor T1 über den Widerstand R2 auf die Stufe T2 und über den Widerstand R5 auf die Stufe T3.

Somit ergibt sich für die Funktionserklärung ein wichtiger Tatbestand. Dadurch, daß immer zwei Stufen an eine Stufe gekoppelt sind, ist der Schaltzustand zweier Stufen immer vom Schaltzustand einer Stufe anhängig, d.h. ein Transistor ist gesperrt, die anderen zwei leiten.

Nachdem die Anordnung der Stufen und die Kopplungen der Stufen untereinander definiert sind, kann die Eingangsbeschaltung geklärt werden.

Die Eingangsschaltung besteht bei jeder Stufe aus der Diode G2, den Widerstand R4 und den Kondensator C1, bzw. C2 und C3.

Diese Schaltungsanordnung ist mit dem dynamischen Takteingang eines Flipflop vergleichbar.

Die Widerstände R4 dienen zur Vorbereitung der Eingänge. Aus der Schaltung ist ersichtlich, daß nur der Widerstand R4 Plusspannung an den Koppelkondensator legt, der am Kollek-

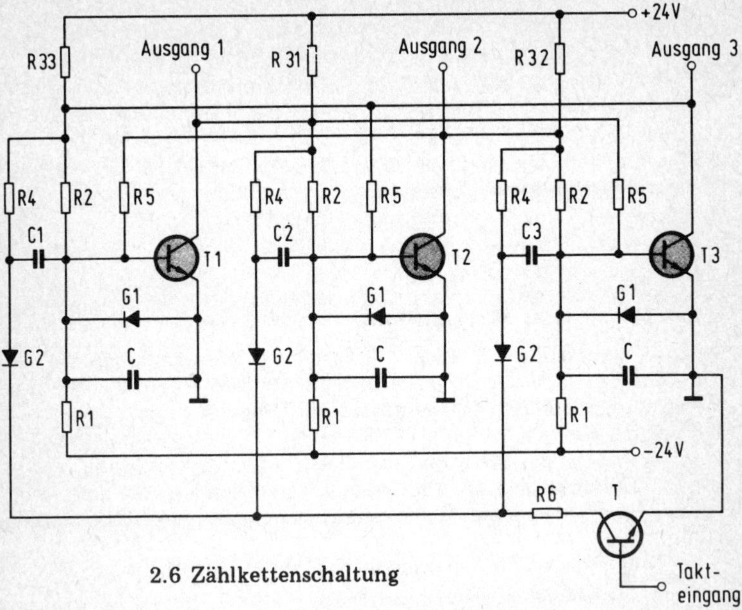

2.6 Zählkettenschaltung

tor des gesperrten Transistors liegt. In diesem Beispiel ist dies der Widerstand der zweiten Stufe, der am Kollektor des gesperrten Transistors T1 angeschlossen ist.

Im Ruhezustand ist der Transistor T1 nichtleitend, die parallelgeschalteten Dioden G2 sind daher gesperrt. Dadurch ist es möglich, daß sich der Kondensator C2 auf die über R4 angebotene Plusspannung aufladen kann.

Beim nächsten Taktimpuls wird der Transistor T leitend, wodurch sich der Kondensator C2 über die jetzt leitende Diode G2 entladen kann. Dieser Entladestrom durch den Widerstand R2 zieht das Pluspotential von der Basis von T2 weg, wodurch dieser gesperrt wird. Der Transistor T1 wird dadurch leitend. Transistor T3 bleibt leitend.

Somit sind die an der Funktion direkt beteiligten Bauelemente und zugleich der Funktionsablauf definiert.

Die Widerstände R1, die Kondensatoren C und die Dioden G1 haben eine Nebenfunktion und sind daher für den Funktionsablauf ohne Bedeutung, d.h. auch wenn man diese Bauelemente entfernt, ändert sich nichts an der Schaltungsfunktion.

Die −24 V erzeugen über die Vorwiderstände R1 an den leitenden Dioden G1 eine Basisvorspannung von ca. −0,8 V. Diese Vorspannung dient zur Sperrung von Störspannungen. Die Kondensatoren C blocken zusätzlich hochfrequente Störspannungen gegen das Bezugspotential ab.

2.4 Beispiel einer Regelschaltung

Der Regelverstärker in *Abb. 2.7*, Bestandteil eines industriell gefertigten Druckvorverstärkers, steuert zwei Motoren, die den kapazitiven und ohmschen Anteil einer Druckmeßbrücke abgleichen.

Wenn man das Schaltbild etwas genauer betrachtet, sieht man die Funktion schon nahezu aus der sinngemäßen Anordnung der Bauelemente. Dieser Eindruck entsteht durch zwei wesentliche Merkmale:

Zum einen ist die Schaltung nahezu funktionsgerecht dargestellt. An der übersichtlichen und logischen Anordnung der Bauelemente ist die Funktion gut ersichtlich. Die zu einer Funktion gehörenden Bauelemente brauchen sozusagen nicht erst zusammengesucht werden.

Zum anderen gibt es nahezu keine Bauelemente die eine Nebenfunktion erfüllen, wodurch der verwirrende Eindruck, der durch viele in einer Schaltung angeordnete Bauelemente entsteht, entfällt. Nebenfunktionen haben in dieser Regelschaltung nur die als Spannungsteiler eingesetzten Widerstände R170 und R171 sowie die Basisvorwiderstände R173 bis R176. Die kapazitiven Koppelelemente C69 und C70 gehören ebenfalls dazu.

Die Schaltung besteht aus zwei aktiven Brücken, in deren Brückenzweig die Motoren liegen.

Der Übertrager Tr6 verteilt die Steuerspannung an die Transistoren T40 und T41 direkt. Für die Transistoren T38 bis T39, zur Steuerung des Motors für den ohmschen Abgleich, muß das Steuersignal um 90° Phase verschoben werden. Dies erfolgt über das Phasenverschiebungsglied C68, R168 und R169.

Über den Impedanzwandler T37 wird dieses Signal an den Übertrager Tr7 übertragen.

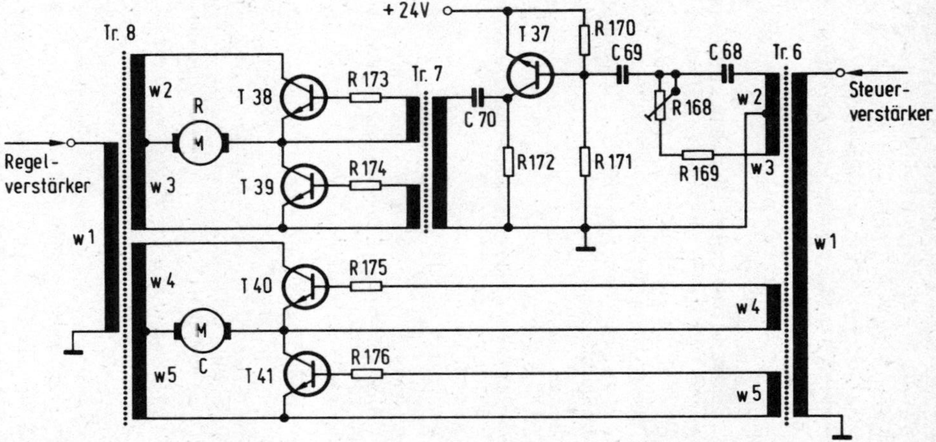

2.7 Regelverstärker

Versuchen wir abschließend aus diesen Beispielen die wichtigsten Merkmale festzuhalten.

- Grundfunktionen von Schaltungseinheiten und Baugruppen herausfinden
- Wesentliche Funktionselemente von Bauelementen mit Nebenfunktionen unterscheiden
- Wirkung der Nebenfunktionen der Hauptfunktion richtig zuordnen.

Übungen
Versuchen Sie grundsätzlich bei allen Schaltungen die Grundfunktionen und die Nebenfunktionen zu definieren sowie ihre Wirkungen richtig einzuordnen.

Sollten Sie auch bei diesen Übungen keine Schwierigkeiten haben, brauchen Sie nicht weiterblättern. Im anderen Fall ist das Studium des nächsten Abschnittes sehr zu empfehlen.

3 Schaltungsmaßnahmen zur Erzeugung und Stabilisierung von Arbeitspunkten erkennen und in ihrer Wirkung abschätzen lernen

Es gibt viele Maßnahmen, um bei den unterschiedlichsten Bauelementen, die zur Anwendung kommen, Arbeitspunkte festzulegen. Auch muß unterschieden werden zwischen Stabilisierungs- und Begrenzungsmaßnahmen, sowie zwischen Strom- und Spannungsstabilisierung und Arbeitspunktfestlegung. Wesentlichstes Merkmal dieser Schaltungsmaßnahmen ist die direkte, bzw. die Gleichspannungskopplung (vgl. *Abb. 3.1*). D.h. die Kopplung dieser Bauelemente an eine Transistor- oder Verstärkerstufe muß direkt erfolgen (*3.1a*). Dies ist auch bei einer Induktivität der Fall (*3.1b*).

Eine Kopplung über einen Übertrager (*3.1c*) oder einen Kondensator (*3.1d*), kann keine Maßnahme zur Arbeitspunkterzeugung oder -stabilisierung sein, da hier eine Gleichspannungstrennung erfolgt.

3.1 Gebräuchliche Schaltungen zur Arbeitspunkterzeugung

Vor allem bei Linearverstärkern, z.B. NF- und ZF-Verstärkerstufen ist ein Arbeitspunkt zur Aussteuerung erforderlich. Im einfachsten Fall erfolgt die Erzeugung durch einen Vorwiderstand in der Basis (*Abb. 3.2.a*).

Bei dieser Form der Arbeitspunkterzeugung ist es von der Größe des Widerstandes abhängig, ob diese Schaltung zusätzlich noch stabilisierende Wirkung hat oder nicht.

Ist der Widerstand sehr hoch im Verhältnis zum Basisbahnwiderstand, z.B. bei Vorverstärkern und Eingangsstufen mit sehr geringen Basisstrom, wirkt er als Konstantstromquelle und hält dadurch den Basisstrom im Arbeitspunkt in gewissen Grenzen konstant.

Eine wesentlich bessere Wirkung im Hinblick auf die stabilisierende Wirkung des erzeugten Arbeitspunktes hat der Spannungsteiler in *Abb. 3.2b*.

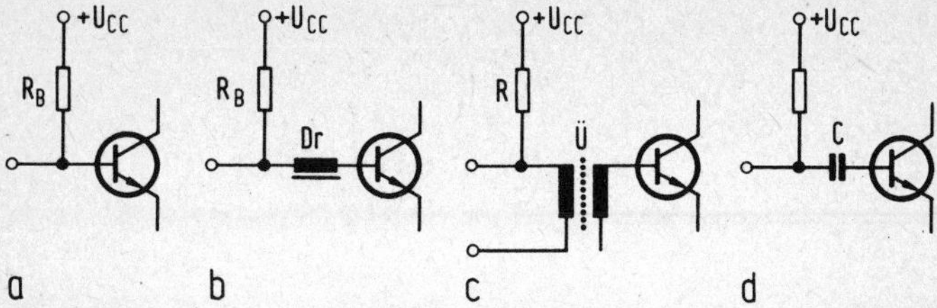

3.1 Kopplungsarten: a) direkte Kopplung; b) direkte Kopplung über induktiven Blindwiderstand; c) Übertragerkopplung; d) kapazitive Kopplung

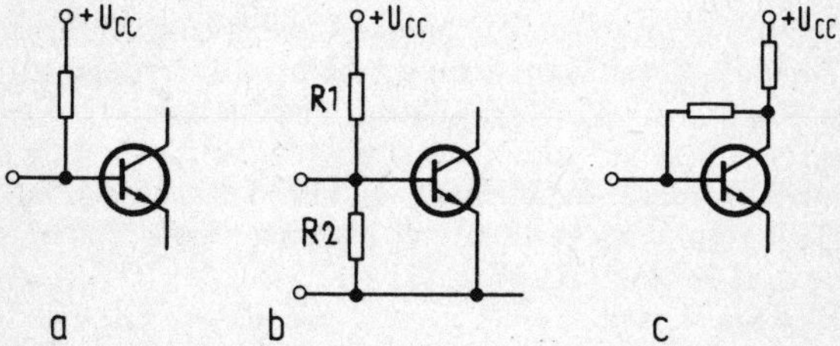

3.2 Arbeitspunkterzeugung: a) über Vorwiderstand; b) über Spannungsteiler; c) Arbeitspunkterzeugung mit Gegenkopplungswirkung

Der Widerstand R2 wird so dimensioniert, daß der Strom durch diesen Widerstand wesentlich höher ist als der Ruhestrom im Arbeitspunkt durch die Basis. Thermisch verursachte Stromänderungen in der Basis werden dadurch nur im Verhältnis $R2/R_{BE}$ wirksam.

Eine weitere Maßnahme mit stabilisierender Wirkung auf den Arbeitspunkt zeigt *Abb. 3.2c*. In diesem Beispiel wird die Basisvorspannung über den Basisvorwiderstand am Kollektor abgenommen. Dies entspricht einer direkten Gegenkopplung und bewirkt dadurch auch eine sehr hohe Arbeitspunktstabilisierung.

3.2 Schaltungen zur Arbeitspunktstabilisierung

Zusätzlich zu den stabilisierenden Wirkungen der Schaltungen, werden häufig noch flankierende Maßnahmen in Verstärker eingebaut.

Die gebräuchlichste Schaltung ist dafür der Emitterwiderstand in *Abb. 3.3a.* Dieser Widerstand hat neben der thermischen Arbeitspunktstabilisierung noch die Wirkung einer Gegenkopplung für das Eingangssignal. Daher wird diese Wirkung vielfach durch einen parallel geschalteten Kondensator unwirksam gemacht.

In *Abb. 3.3b* ist die Stabilisierung des Arbeitspunktes durch eine Diode dargestellt, die den gleichen TK-Wert wie die Basis-Emitter-Diode aufweist. Dadurch paßt sich das Teilerverhältnis des Basis-Spannungsteilers an die jeweiligen temperaturbedingten Änderungen des Arbeitspunktes entsprechend an, d.h. er gleicht diese aus.

Die gleiche Wirkung wird mit den Dioden D1 und D2 bei Schaltungen entsprechend *Abb. 3.3c* erreicht. Für jeden Transistor wird durch jeweils eine Diode der Arbeitspunkt eingestellt. ($U_F = U_{BE}$). In den Dioden wird ein im Verhältnis zu den Basisströmen wesentlich größerer Querstrom erzeugt, wodurch die Schleusenspannung von temperaturbedingten Spannungsschwankungen an der Basis unabhängig bleibt und somit das Basispotential bestimmt.

Ähnliche Wirkung hat ein NTC-Widerstand als Bestandteil eines Basisspannungsteilers (*Abb. 3.3d*). Bei steigender Temperatur und damit steigendem Basisstrom wird der NTC-Widerstand im Wert kleiner, so daß dadurch das Teilerverhältnis des Basisspannungsteilers größer wird und U_{BE} begrenzt.

Anstelle von Dioden und NTC-Widerständen wird vielfach auch ein Transistor eingesetzt (*Abb. 3.3e*). Schaltungen, die nicht zur Verstärkung und Übertragung von frequenten Spannungen eingesetzt werden, z.B. Regelschaltungen, können auch direkt mit Z-Dioden oder Referenzelementen (*Abb. 3.3f*) in den Arbeitspunkten stabilisiert werden, da hier der geringe differentielle Widerstand dieser Bauelemente keinen Einfluß auf langsame Regelvorgänge hat. Wo dies nicht der Fall ist, wird mit Entkopplungsstufen, z.B. Differenzverstärker (*Abb. 3.3g*) gearbeitet.

3.3 Schutz- und Begrenzerschaltungen in diskreten und integrierten Schaltungen

Die Aufgabe dieser Schaltungsmaßnahmen in Verstärker und Digitalschaltungen besteht im wesentlichen darin, Halbleiter-

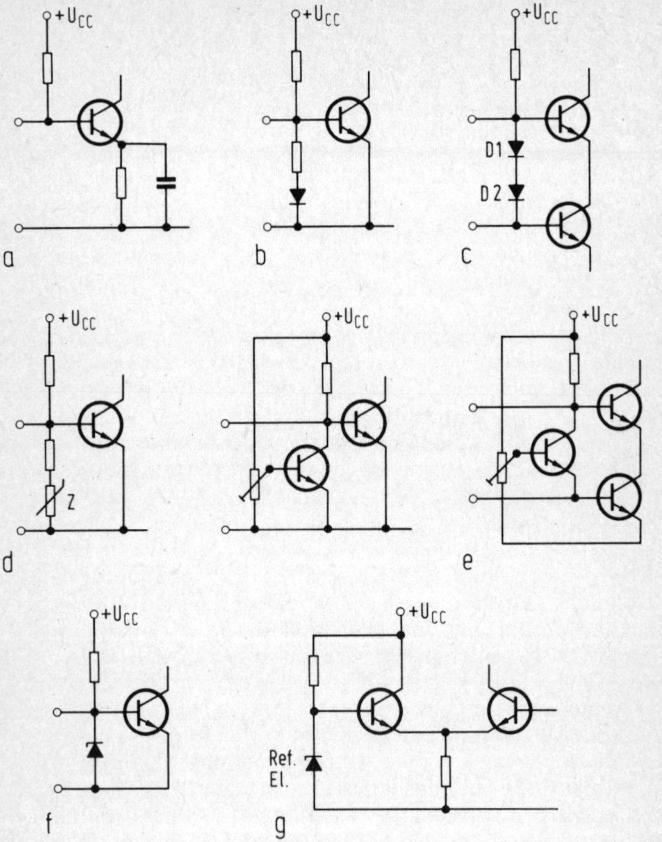

3.3 Stabilisierungsmaßnahmen: a) Emitterwiderstand; b) Diode im Spannungsteiler; c) Potentialdifferenz durch Dioden, d) temperaturabhängiger Widerstand; e) Transistor im Spannungsteiler, auch zur Potentialverschiebung; f) Z-Diode im Spannungsteiler; g) emittergekoppelter Referenzverstärker

bauelemente vor Überlastungen zu schützen, d.h. darauf einwirkende Signale und Pegel in ihrer Amplitude zu begrenzen. Man unterscheidet auch hier zwischen Maßnahmen, die nur für Wechselspannungen wirksam sind (induktive und kapazitive Schaltungen) oder Schaltungen mit direkter Kopplung (Widerstände, Dioden), die für Gleich- und Wechselstromsignale gleiche Wirkung haben. Die am weitverbreitetste Maßnahme ist der Vorwiderstand in der Basiszuleitung, der sowohl in Analogschaltungen, als auch in Digitalschaltungen Anwendung findet (*Abb. 3.4a* und *3.4b*). Der Vorwiderstand ist in Schaltungen daran zu erkennen, das er direkt im Steuerstromkreis liegt. In den meisten Fällen übernimmt er damit gleichzeitig die Funktion der Entkopplung zwischen Steuerquelle und darauf folgenden Verstärker.

Abb. 3.4a zeigt die typische Anordnung eines Begrenzungswiderstandes für einen Linearverstärker. In Abb. 3.4b ist die Anordnung für eine Schaltstufe dargestellt. Es ist ersichtlich, daß hier der Spannungsteiler zur Festlegung des Arbeitspunktes fehlt. Im Schalterbetrieb ist die Festlegung eines Arbeitspunktes nicht erforderlich, die Schaltstufe soll lediglich aus- und eingeschaltet werden.

Abb. 3.4c zeigt eine Begrenzerschaltung, die über einen Vorwiderstand und zwei antiparallel geschaltete Dioden die Eingangsspannungen begrenzt.

Abb. 3.4d zeigt dieselbe Schaltung in einem Differenzverstärkereingang.

In *Abb. 3.4e* ist ein Differenzeingang gegen überhöhte Differenzsignale durch die komplementären Transistoren T1 und T2 geschützt.

Zu große Gleichtaktsignale an einem Differenzverstärkereingang werden in der Praxis durch gegeneinandergeschaltete Z-Dioden begrenzt (*Abb. 3.4f*). Verstärkereingänge die gegen Hochspannungsimpulse mit steilen Flanken und hochfrequente Hochspannungen bis mehrere kV geschützt werden müssen, werden durch gasgefüllte Überspannungsableiter (*Abb. 3.4g*) abgesichert.

TTL-Schaltungen besitzen keine internen Begrenzungsmaßnahmen, außer der in Sperrichtung geschalteten "Clamping"-Diode, zur Dämpfung von Überschwingen bei langen Leitungsverbindungen.

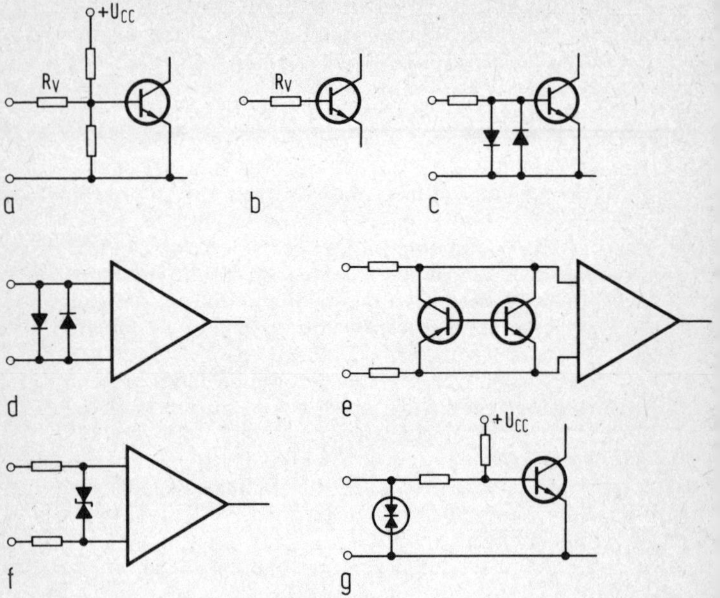

3.4 Schutz- und Begrenzerschaltungen: a) Entkopplungswiderstand im Verstärkereingang; b) Begrenzerwiderstand einer Schaltstufe; c) Begrenzung durch antiparallel geschaltete Dioden; d) Begrenzerschaltung im OPV; e) Begrenzung von Differenzsignalen; f) Begrenzung von Gleichtaktsignalen durch Z-Dioden; g) Überlastschutz durch Überspannungsableiter

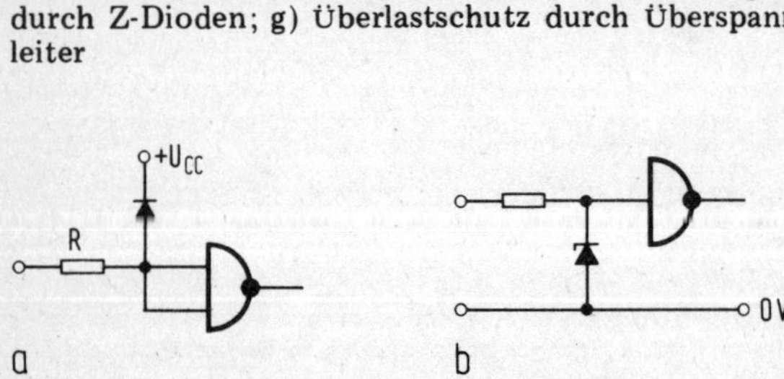

3.5 Interface-Schaltungen: a) Anpassung durch eine Clamping-Diode; b) Anpassung durch eine Z-Diode

Dies ist auch nicht erforderlich, da für diese Schaltungen die Betriebsspannungen, mit denen auch die Eingänge belastet werden dürfen, mit maximaler Plustoleranz von 10 % eingehalten werden müssen.

Müssen höhere Pegelwerte als 5,5 V in TTL-Schaltungen verarbeitet werden, dann sind sogenannte "Interface"-Schaltungen erforderlich.

In der Industrieelektronik kommen die in *Abb. 3.5* dargestellten Schaltungen vorwiegend zur Anwendung.

Die gebräuchlichste und einfachste Schaltung ist die in *Abb. 3.5a* dargestellte Begrenzerschaltung, die aus einem Vorwiderstand und einer Diode besteht, die durch ihre Anschaltung an das Pluspotential, alle Pegelwerte, die höher als +4,3 V sind, begrenzt. Die Begrenzung gegen Minuspotential wird durch die in den Eingängen befindliche Clamping-Diode übernommen. Die gleiche Wirkung wird durch einen Vorwiderstand und eine Z-Diode, U_Z = 4,7 V, entsprechend der Schaltungsanordnung in *Abb. 3.5b* erzielt.

3.4 Beispiele aus der Praxis

Die Kenntnis über die verschiedenen Möglichkeiten der Arbeitspunkterzeugung, Begrenzung und Stabilisierung, ermöglicht auch die Erkennung und richtige Deutung dieser Schaltungsmaßnahmen. Die in *Abb. 3.6* dargestellte Schaltung zeigt einen Rechteckgenerator aus einer Industrieschaltung. Auch bei dieser Schaltung ist auf den ersten Blick diese Funktion nicht erkennbar.

In der Schaltung sind die Widerstände R241, R239 und R240 als Begrenzerwiderstände in den Basiszuleitungen erkennbar. Die Widerstände R233 und R238 sind als Spannungsteiler zur Arbeitspunkterzeugung und -stabilisierung für den Transistor T96 zu erkennen. Die gleiche Funktion hat der Widerstand R235 zusammen mit dem Widerstand R241. Dieser Widerstand hat somit eine Doppelfunktion.

Die Widerstände R243 und R244, bzw. R245 und R246 sind gewissermaßen wechselweise die Basisvorwiderstände für den Transistor T99 und damit die Entlade- bzw. Aufladewiderstände für den Kondensator C68.

Die Dioden D40 und D41 bestimmen die Einsatzfunktion dieser Widerstände für den Lade-, bzw. Entladevorgang des Kon-

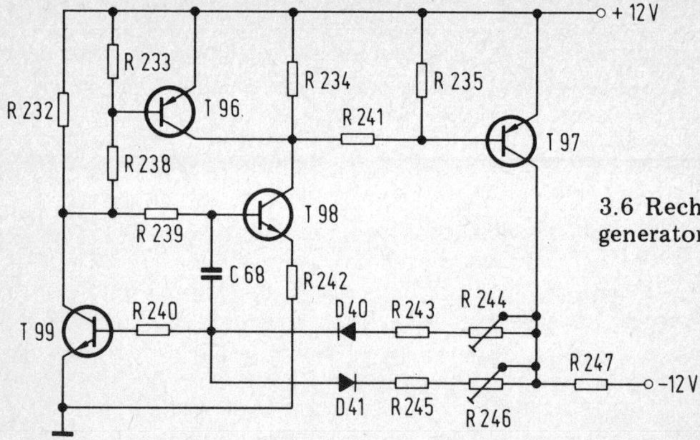

3.6 Rechteckgenerator

densators. Während der Impulsdauer ti sind die Transistoren T98 und T97 leitend. In dieser Zeit ist die Diode D40 ebenfalls leitend, so daß sich der Kondensator über die Widerstände R243 und R244 aufladen kann.

Ein weiteres Beispiel in *Abb. 3.7* zeigt einen Gleichspannungsverstärker.

Aus der Zeichnungsanordnung sind die Funktionen der einzelnen Bauelemente ebenfalls nur schwer zu erkennen. Auffallend sind die drei Blockkondensatoren C24, C25 und C27, die nicht zu übersehen sind.

Beginnend bei der ersten Stufe T8, sind in den Eingängen die Ableitwiderstände R40 und R41 ersichtlich.

An den Widerständen R36 und R38 sind die Source-Anschlüsse von T8 und die Emitter von T10 und T11 angeschlossen. Diese Transistoren wirken als Differenzverstärker und haben einen gemeinsamen Emitterwiderstand zur Arbeitspunktstabilisierung. Der Emitterwiderstand setzt sich zusammen aus R37 und der Transistorstufe T13.

Der Arbeitspunkt für die Stufe T13 wird durch den Spannungsteiler R46, R47 festgelegt. Der hohe Wert des Emitterwiderstandes R45 (5,1 k) sagt aus, daß diese Stufe für die Differenzverstärkerstufen T8 und T10, T11 als Konstantstromquelle wirkt.

Für die Stufen T9 und T10, die ebenfalls als Differenzverstärker wirken, ist der Widerstand R29 der gemeinsame Emitterwiderstand. Der Arbeitspunkt für diese Stufen wird durch

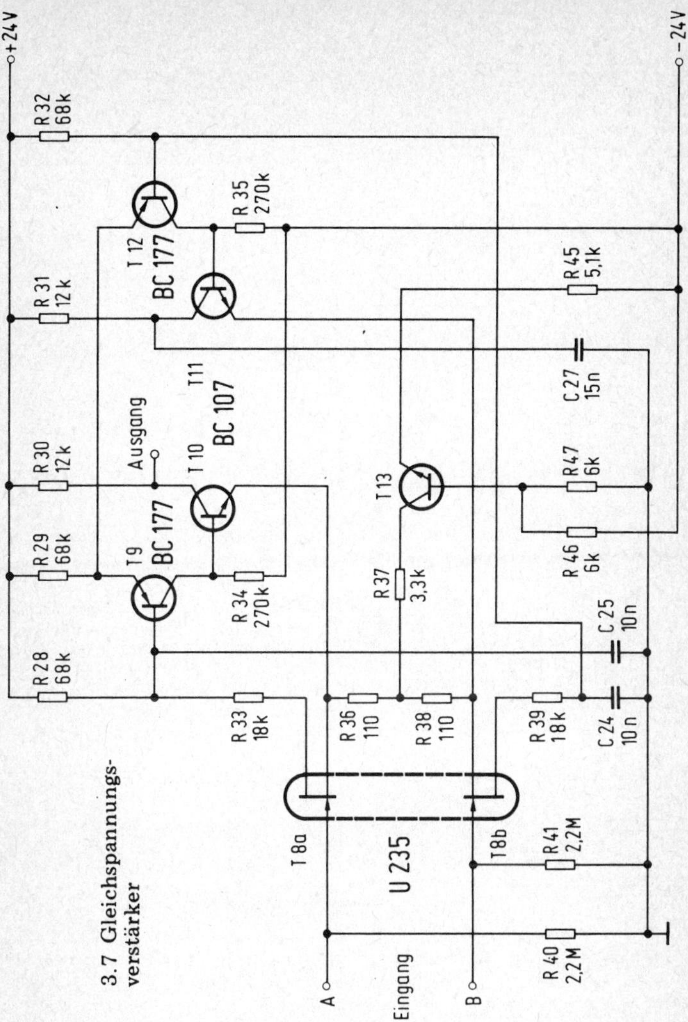

3.7 Gleichspannungsverstärker

die Widerstände R28, R33, bzw. R32, R39 festgelegt. Dabei ist zu berücksichtigen, daß die Widerstände R28 und R32 gleichzeitig die Funktion der Arbeitswiderstände für die Stufen T8 übernehmen.

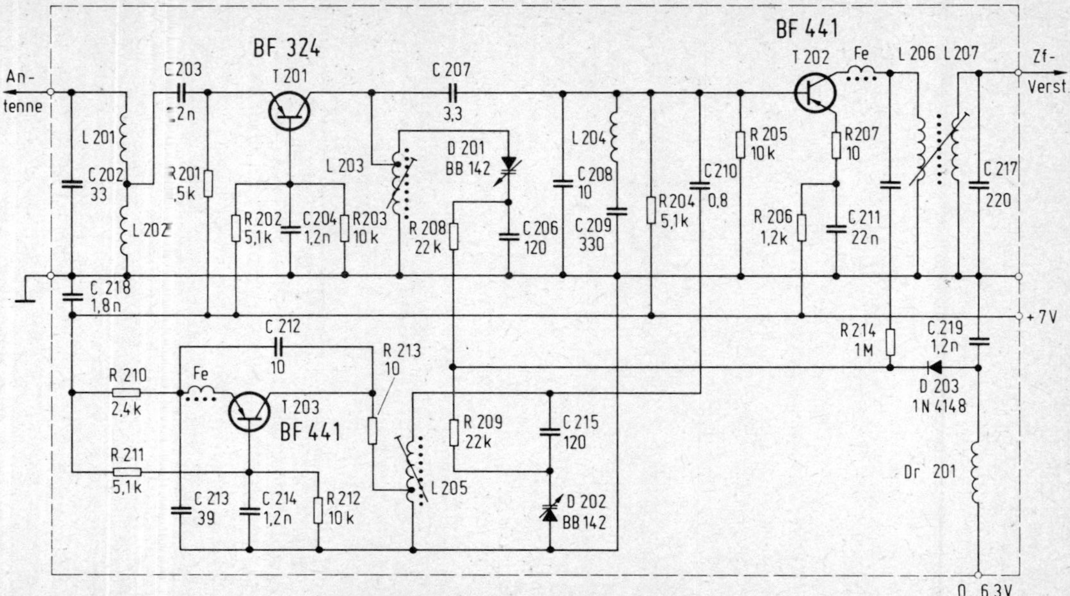

3.8 UKW-Eingangsstufe

Die *Abb. 3.8* zeigt die UKW-Eingangsstufe eines Reisesupers. Die Bestimmung von Bauelementen zur Festlegung und Stabilisierung von Arbeitspunkten ist hier wesentlich einfacher, weil dies in Hf-Schaltungen meistens die einzigen Widerstände sind, die vorkommen. Koppelelemente und Arbeitswiderstände bestehen in der Regel aus Kapazitäten und Schwingkreisen.

Die Transistorstufe T 201 als Eingangsstufe in Basisschaltung wird im Arbeitspunkt durch die Widerstände R202 gegen +7 V und R203 gegen Bezugspotential festgehalten. Über den Emitterwiderstand R201 liegt diese pnp-Stufe folgerichtig gegen +7 V. Der Kollektor über L203 gegen Bezugspotential. Der Mischoszillator, bestehend aus T 203, ist ebenfalls in Basisschaltung aufgebaut. Der Emitterwiderstand R210 und der Basiswiderstand R211 sind gegen +7 V geschaltet, der zweite Basiswiderstand R212 gegen Bezugspotential. Die Mischstufe Transistor T202 in Emitterschaltung wird in ihrem Arbeitspunkt durch die Basiswiderstände R204 gegen +7 V und R205 gegen Bezugspotential festgehalten. Der Emitter liegt über R206 und R207 auf +7 V, der Kollektor über die Drossel Fe und die Bandfilterspule L206 gegen Bezugspotential. Die Frequenzabstimmung im Eingangskreis und am Mischoszillator erfolgt durch die Kapazitätsdioden D201 und D202, die zusammen mit den Spulen L203 und L205 einen Schwingkreis bilden. Abgestimmt werden diese Kapazitätsdioden über ein Potentiometer, an dem die Spannung zwischen 0 und 6,3 Volt eingestellt werden kann. Diese Gleichspannung wird über die Entkopplungsdiode D203 und die Widerstände R208 und R209 zur Kapazitätsabstimmung an den Katoden der Kapazitätsdioden wirksam.

Auch dieses Beispiel hat gezeigt, daß man durch die Bestimmung der Bauelemente zur Arbeitspunkterzeugung, die Schaltung in ihrem Aufbau und ihrer Funktion auswerten kann.

Übungen:
Machen Sie es sich in nächster Zeit zur Gewohnheit, an allen Schaltungen, die Sie in die Hand bekommen, die Bauelemente und Schaltungsmaßnahmen, die zur Festlegung von Arbeitspunkten und deren Stabilisierung dienen, herauszufinden.
Bestimmen Sie diese Maßnahmen in den Abbildungen der Hauptabschnitte 1 und 2.

4 Kopplungsarten in ihrer Funktion erkennen

Das Erkennen und richtige Bewerten von Kopplungsarten bereitet dem Fachmann erfahrungsgemäß die größten Schwierigkeiten, obwohl auch hier mit wenigen Regeln und Merkmalen ein beachtlicher Auswertungsgrad erreicht werden kann.

Grundsätzlich sind alle Verbindungen von Stufen und Netzwerken Kopplungen. Wie und mit welchen Bauelementen diese Kopplungen ausgeführt werden, entscheidet über ihre Funktion und Wirkung.

Kopplungen können grundsätzlich mit allen Bauelementen durchgeführt werden, z.B. Kondensatoren, Spulen, Übertrager, Widerstände, Dioden und Transistoren. Auch die direkte Verbindung zweier Stufen ist eine Kopplung, die als "direkte Kopplung" bezeichnet wird.

Die Kopplung übernimmt jeweils die Wirkung, die den als Koppelelement verwendeten Bauelement zu eigen ist. Ist der Widerstand des Bauelementes frequenzabhängig, so ist auch die Kopplung frequenzabhängig.

Der Widerstandswert des Bauelementes ist für die Wirkung der Kopplung ebenfalls von Bedeutung. Bei kleinen Widerstandswerten der Koppelelemente spricht man von einer "festen Kopplung", bei großen Werten von einer "losen Kopplung". Kopplungen die gleichzeitig eine "Entkopplung" zweier Stufen bewirken sollen, haben noch höhere Widerstandswerte oder sogar eine Emitterschaltung als Trennstufe. Nach der Aufgabe oder Funktion der Kopplung unterscheidet man drei Kopplungsarten (vgl. *Abb. 4.1*).

Die *Verbindungskopplung* dient zur elektronischen Verbindung zweier Stufen oder Netzwerke zum Zwecke der Signalweiterführung (*Abb. 4.1a*).

Die *Mitkopplung* dient zur Rückführung von Ausgangssignalen an den Eingang von ein- oder mehrstufigen Verstärkern zum Zwecke der Verstärkung, d.h. die Ausgangsspannung muß

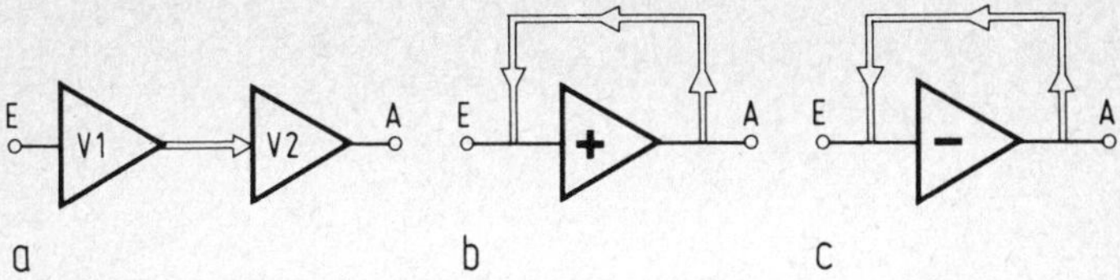

4.1 Kopplungsarten a) Verbindungskopplung; b) Mitkopplung; c) Gegenkopplung

mit gleicher Polarität an den Eingang zurückgeführt werden (*Abb. 4.1b*).

Die *Gegenkopplung* dient ebenfalls zur Rückführung von Ausgangssignalen an den Eingang von ein- oder mehrstufigen Verstärkern zum Zwecke der Stabilisierung und Linearisierung der Verstärkereigenschaften, d.h. die Ausgangsspannung muß mit Gegenpolarität an den Eingang zurückgeführt werden (*Abb. 4.1c*). Die Kopplungen und ihre in der Schaltungspraxis üblichen Realisierungen sind in der Tabelle 4.1 nochmals zusammenfassend dargestellt.

Tabelle 4.1

Mögliche Ausführung	Verbindungsk.	Rückkopplungen Mitk.	Rückkopplungen Gegenk.
Direkte K.	X		
Widerstand	X	X	X
Diode	X		X
Z-Diode	X		
Transistor	X	X	
Kondensator	X	X	X
Spule	X		
Übertrager	X	X	X
Bandpaß	X	X	X

4.1 Verbindungskopplungen

Kopplungen als Verbindungskopplungen in Schaltungsunterlagen zu definieren ist nicht schwierig und durch Übung leicht zu erlernen.

In den bisher beschriebenen Abbildungen der Hauptabschnitte 1 bis 3 ergeben sich hier die besten Übungsmöglichkeiten. Beginnen wir die Übung mit Abb. 1.1, die eine Anzahl interessanter Verbindungskopplungen enthält:

Tabelle 4.2

Ausgang	Eingang	Kopplungsart
Kollektor T1	Basis T2	direkt
Kollektor T2	Basis T3	direkt
Emitter T3	Ausgang R20	kapazitiv, C1
Emitter T3	Basis T4	kapazitiv, C1, C10, R12
Kollektor T4	Basis T5	Widerstand R15, C11
Kollektor T5	Ausgang	Widerstand R18

Es wird aufgefallen sein, daß in der Tabelle zur Abb. 1.1 neben der Bauelementart der Verbindungskopplung noch andere Bauelemente aufgeführt sind. Diese Bauelemente liegen zwar in der Verbindungskopplung mit drin, bestimmen aber nicht die Kopplungsfunktion.

Liegt z.B. bei einer kapazitiven Kopplung noch ein Widerstand in Reihe, so ist diese Verbindungskopplung in ihrer Wirkung kapazitiv, d.h. sie ist frequenzabhängig und trennt Gleichspannungspotentiale.

Gerade umgekehrt ist die Funktionsauswirkung bei parallelgeschalteten Verbindungskopplungen von Widerstand und Kondensator. In diesem Fall gehen die elektrischen Eigenschaften von der Wirkung des Widerstandes aus, der Kondensator wirkt hier nur bei Wechselspannungen mit Frequenzen, bei denen der Blindwiderstand des Kondensators in die Größenordnung des ohmschen Widerstandes gerät.

In Abb. 1.2 sind folgende Verbindungskopplungen enthalten:

Tabelle 4.3

Ausgang	Eingang	Kopplungsart
Kollektor T37	Basis T38	kapazitiv, C19
Kollektor T38	Basis T39	direkt
Kollektor T39	Basis T40	Diode D29, Widerstand R119
Kollektor T40	Basis T41	Widerstand R123
Kollektor T41	Basis T42	direkt

Die Abb. 2.6 hat aufgrund ihrer Funktion als Kettenschaltung Verbindungskopplungen, die nicht ohne Übung sofort erkennbar sind. Die Schaltung hat folgende Verbindungskopplungen:

Tabelle 4.4

Ausgang	Eingang	Kopplungsart
Kollektor TA	Basis T1 Basis T2 Basis T3	kapazitiv, C1 kapazitiv, C2 kapazitiv, C3
Kollektor T1	Basis T2 Basis T3	Widerstand R2 Widerstand R5
Kollektor T2	Basis T1 Basis T3	Widerstand R5 Widerstand R2
Kollektor T3	Basis T1 Basis T2	Widerstand R2 Widerstand R5

Interessant sind auch die Verbindungskopplungen in der Differenzverstärkerschaltung in Abb. 3.7.

Tabelle 4.5

Ausgang	Eingang	Kopplungsart
Drain 8a	Basis T9	Widerstand R33
Drain 8b	Basis T12	Widerstand R39
Kollektor T9	Basis T10	direkt
Kollektor T12	Basis T11	direkt

Die HF-Schaltung in Abb. 3.8 hat folgende Verbindungskopplungen:

Tabelle 4.6

Ausgang	Eingang	Kopplungsart
Kollektor T201	Basis T202	kapazitiv, C207
Kollektor T203	Basis T202	(R213) kapazitiv, C210
Kollektor T202	Basis, Zf-Verst.	Bandfilter L206, L207

4.2 Gegenkopplungen

Auch für die Definition der Gegenkopplungen sind die in den vorhergehenden Abschnitten dargestellten Schaltungsabbildungen für den Anfang die beste Übung:

Erinnert sei nochmals daran, daß die Gegenkopplung vom Ausgang einer Stufe zum Eingang einer Stufe mit entgegengesetzter Polarität zurückgeführt wird.

In Abb. 1.1 sind dies der Widerstand R4 vom Emitter des Transistors T1 zum Kollektor des Transistors T2. Außerdem der Thermistorwiderstand R5 vom Ausgang C1 zurück zum Emitter von T1.

In Abb. 1.2 wirkt der Emitterwiderstand R113 als stromgesteuerte Spannungsgegenkopplung (aber nur für Gleichströme). Außerdem der Kondensator C18 vom Kollektor T37 zurück zur Basis desselben Transistors als Wechselspannungsgegenkopplung. Hinzu kommt die Gegenkopplung vom Kollektor T38 zur Basis des Transistors über R115.

Spannungsgesteuerte Stromgegenkopplungen weisen in Abb. 2.3 alle Stufen auf. Die Widerstände R115, R118 und R120 als Gleich- und Wechselstromgegenkopplung. Die Widerstände R114 und R119 nur als Gleichstromgegenkopplung. Durch die Kondensatoren C46 und C48 sind sie für Wechselströme abgeblockt.

Als reine Wechselstromgegenkopplung wirkt die kapazitive Rückführung vom einstellbaren Widerstandsabgriff R122 im Emitter T24 über C49 zum Emitter T22. Man beachte hierbei die Polaritätsveränderungen an den einzelnen Stufen. Das Eingangssignal wird am Kollektor der Stufe T22 umgepolt. Am Kollektor T23 ist es wieder polaritätsgleich und somit auch am Emitter von Transistor T24. Somit besteht bei dieser Gegenkopplung eine gegenseitige Beeinflussung mit gegensinniger Wirkung.

Eine Wechselstromgegenkopplung mit wechselseitiger Beeinflussung für hohe Frequenzen bewirkt der Kondensator C47 von Kollektor der Stufe T22 zum Kollektor der Stufe T23.

Die Arbeitspunkt- und Verstärkungsstabilisierung für den dreistufigen Differenzverstärker in Abb. 3.7 wird im wesentlichen durch die Stufe T13 übernommen. Diese Stufe hat die Funktion einer Konstantstromquelle für die Stufen T8 und T10, bzw. T11. Eine weitere spannungsgesteuerte Stromgegenkopplung bewirkt der gemeinsame Emitterwiderstand R29 für die Stufen T9 und T12.

In der HF-Schaltung nach Abb. 3.8 befindet sich in der Stufe T203 eine Wechselspannungs-Gegenkopplung vom Kollektor zum Emitter über C212. Eine Stromgegenkopplung in der Stufe T202 wird durch den Widerstand R207 erzeugt.

Gegenkopplungen sind auch in NF-Verstärkern und Regelschaltungen (z.B. elektronisch stab. Netzgeräte) von Bedeutung.

Einen NF-Verstärker mit zwei Gegenkopplungen zeigt *Abb. 4.2*.

Die erste Gleichspannungs-Gegenkopplung führt vom Kollektor der zweiten Stufe zum Emitter der ersten Stufe. Das Teilerverhältnis der Widerstände R1 und R2 bestimmt die Spannungsverstärkung. Bei den angegebenen Widerstandswerten stellt sich eine 50fache Verstärkung ein.

Die zweite Gegenkopplung führt vom Emitter der zweiten Stufe zur Basis der ersten Stufe über die Widerstände R3, R4. Diese Gegenkopplung liefert gleichzeitig den Basisstrom für die erste Stufe und steuert somit den Arbeitspunkt. Steigt zum Beispiel aus Temperaturgründen der Emitterstrom in der Stufe T2, dann wird die Spannung an den Emitterwiderständen R5, R6 größer. Diese erhöhte Spannung bewirkt einen größeren Basisstrom in der Stufe T1. Daraus resultiert ein größerer Kollektorstrom und somit eine kleinere Kollektorspannung, die an der direkt gekoppelten Stufe T2 die Basisspannung verringert. Der Emitterstrom wird dadurch wieder geringer. Der gleiche Regelmechanismus setzt ein, wenn die Ursache der Arbeitspunktveränderung in der ersten Stufe liegt.

Bei der Stereoendstufe (15 W pro Kanal) in *Abb. 4.3* sind auch Gegenkopplungsmaßnahmen ersichtlich, die zur Arbeitspunkt- bzw. Amplitudenstabilisierung dienen.

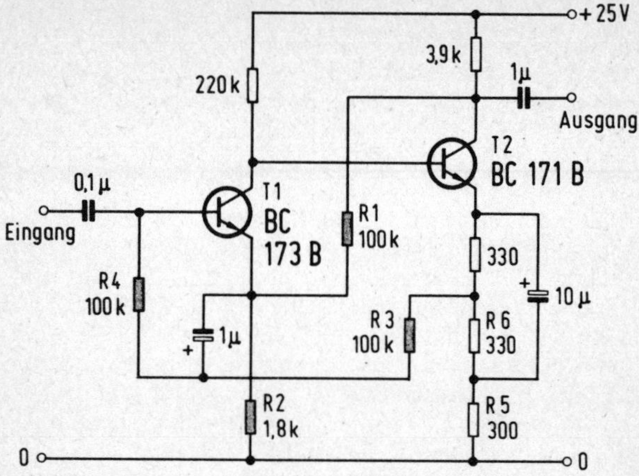

4.2 NF-Verstärker mit Gegenkopplungen

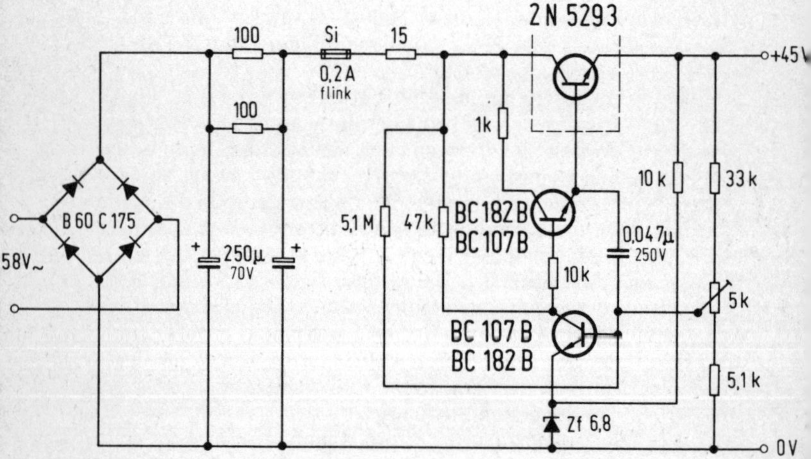

4.4 Stabilisierungsschaltung

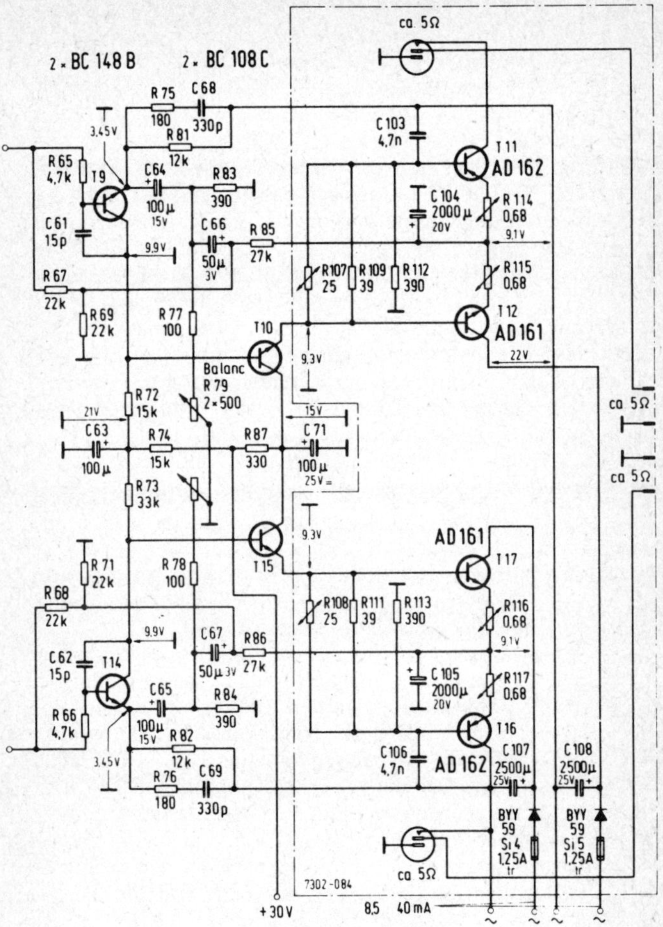

4.3 Stereo-Endstufe

Vom gemeinsamen Emitterbezugspunkt der Endstufen T11, T12, bzw. T16, T17 führen die Kopplungen über R85, bzw. R86 und R67 (R68) an die Basisanschlüsse der Transistoren T9 im oberen Kanal und T14 im unteren Kanal.

Beide Gegenkopplungen sind für Wechselspannungen unwirksam. Dies wird durch die Blockkondensatoren C104 und C66, bzw. C105 und C67 erreicht.

Durch diese Gegenkopplungen werden die Arbeitspunkte für die Stufen T9 und T14 festgelegt. Sie sind wie in Abb. 4.2 erklärt, von den Emitterspannungen der Endstufen abhängig.

Die Kondensatoren C61, C62, C103 und C106, die jeweils zwischen Kollektor und Basis der Stufen T9, T14, T11 und T16 liegen, sind zur Wechselspannungsgegenkopplung vorgesehen und halten somit die Wechselspannungsverstärkung konstant, bzw. verhindern damit eine Selbsterregung der Verstärkerstufen. Die Widerstände und Kondensatoren in den Emitterzuleitungen der Stufen T9 und T14 sind ebenfalls zur Arbeitspunkt- und Wechselspannungsstabilisierung vorgesehen.

Abschließend zu dem Thema Gegenkopplungen wird anhand von *Abb. 4.4* die Anwendung von Gegenkopplungsmaßnahmen in einer Regelschaltung zur Spannungsstabilisierung erklärt.

Das Prinzip jeder elektronischen Regelschaltung besteht darin, einer Abweichung einer vorgegebenen Spannung entgegenzuwirken und somit wieder auszugleichen.

In der Schaltung nach Abb. 4.4 soll die Versorgungsspannung, +45 V, unabhängig von Last- und Eingangsspannungsänderungen, stabil gehalten werden. Dies erfolgt durch die Gegenkopplung vom Ausgang des Transistors 2N 5293 zurück auf die Basis über die Regelschaltung der Transistoren BC107B. Dazu wird mit einem Teil der Ausgangsspannung von +45 V die Basis des unteren Transistors BC107B gesteuert. Der Emitter dieses Transistors wird durch die Z-Diode konstant gehalten. Die Spannungsänderung am Kollektor steuert den nachfolgenden Emitterfolger BC107B und dieser wiederum den Leistungstransistor 2 N 5293. Damit diese Regelspannung der sich ändernden Ausgangsspannung entgegenwirkt, muß sie im Verlauf der Regelschaltung in der Polarität umgekehrt werden.

Die Polaritätsumkehr erfolgt in der unteren Regelstufe. Gesteuert wird diese Stufe in der Basis, abgenommen wird das Signal am Kollektor. In den nachfolgenden Stufen erfolgt keine

Umkehr der Spannung, da beide Stufen an der Basis gesteuert werden und am Emitter die Abnahme der Regelspannung, bzw. der Versorgungsspannung erfolgt.

4.3 Mitkopplungen

Bereits zu Anfang des Abschnitts 4 wurde definiert, daß als Merkmal der Mitkopplung das Ausgangssignal eines ein- oder mehrstufigen Verstärkers an den Eingang, mit gleicher Polarität wie das Eingangssignal, zurückgeführt wird. Eine Mitkopplung wird immer dann eingesetzt, wenn ein Verstärker sich selbst steuern soll, d.h. wenn er die Funktion eines Generators oder Oszillators übernimmt.

Die in Abb. 1.1 dargestellte Oszillatorschaltung ist dafür ein typisches Beispiel. Zum Zwecke der Selbststeuerung wird vom Ausgang des Verstärkers am Emitter T3 über den Koppelkondensator C1 und die umschaltbare RC-Kombination C2, R9, R10 das Signal an die Basis von T1 zurückgeführt. Koppelnetzwerke können als Mitkopplungen zwei Funktionen haben. Entweder müssen sie die zur Verstärkung gelangende Frequenz mit gleicher oder umgekehrter Polarität vom Ausgang an den Eingang zurückführen.

Dies kann man entweder an der Schaltungsform des Koppelnetzwerkes erkennen oder durch Überprüfung der Polarität von Eingang und Ausgang. In der nach Abb. 1.1 dargestellten Mitkopplung ergibt eine Überprüfung der Polaritäten folgendes Funktionsverhalten:

Die erste Stufe kehrt das Signal in seiner Polarität um (Basis-Kollektor). Durch die nochmalige Umkehrung der zweiten Stufe erhält das Signal die gleiche Polarität wie am Eingang der ersten Stufe. Die dritte Stufe ändert die Polarität nicht mehr (Emitterfolger). Daraus ist ersichtlich, daß das Signal durch das Koppelnetzwerk mit gleicher Polarität vom Ausgang an den Eingang zurückgeführt wird.

Eine Rückkopplung in Form einer Mitkopplung liegt auch bei den Kippstufen vor. Als Beispiel dafür ist in *Abb. 4.5* als Funktionsmodell die astabile Kippstufe dargestellt.

Diese Kippstufe hat, wie alle anderen Kippstufen, zwei Kopplungen. Jeweils vom Ausgang der einen Stufe an den Eingang der anderen Stufe.

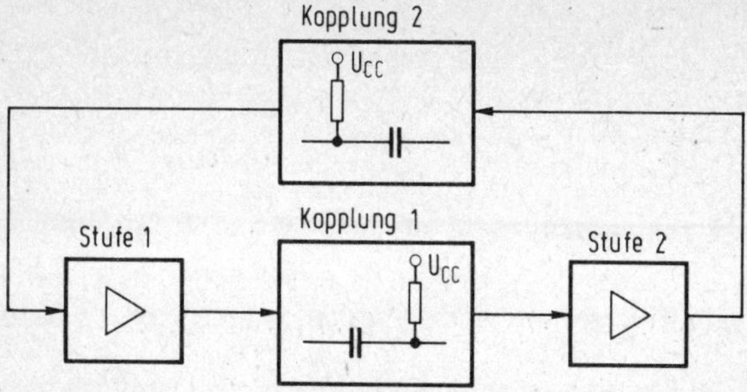

4.5 Funktionsprinzip von Kippstufen

Bei gleichen Kopplungsnetzwerken, z.B. astabile und bistabile Kippstufe, ist es frei bestimmbar, welche Kopplung als Verbindungskopplung und welche als Mitkopplung betrachtet wird. Durch beide Kopplungen werden beide Verstärkerstufen zu einem Ringverstärker zusammengeschlossen. Die Art der Kopplung bestimmt hierbei, ob sich die Schaltung selbständig schaltet oder nicht.

Bei einer selbsterregten Schaltung müssen beide Kopplungen dynamisch ausgeführt sein. Dies ist in Abb. 4.5 bei der astabilen Schaltung der Fall. Beide Kopplungen sind kapazitiv.

Ist nur eine Kopplung dynamisch, wie bei der monostabilen Kippstufe, oder gar keine, wie bei der bistabilen Kippstufe, dann kann die Schaltung nicht selbsttätig kippen. Sie braucht bei einer dynamischen Kopplung einen Steuerimpuls um zweimal zu kippen und bei zwei statischen Kopplungen zwei Steuerimpulse um zweimal zu kippen, d.h. eine Periode T zu schalten.

Die Schaltung in Abb. 2.5 zeigt eine astabile Kippschaltung mit zwei dynamischen Kopplungen (vgl. auch die Beschreibung dazu).

Eine Kopplung führt vom Kollektor des Transistors T2 über C2, R3, D2 und R8 an die Basis T3.

Die zweite Kopplung vom Kollektor T3 über C1, D1 und R7 an die Basis von T2.

Abschließend werden zu dem Thema "Mitkopplung" zur Vertiefung des bisher bekannten, die Funktionen eines Funktionsgenerators einer serienmäßigen Industrieschaltung in *Abb. 4.6* beschrieben.

Dieser Generator besteht aus drei Hauptfunktionen. Zur Erzeugung der Dreieckfunktion dient ein Integrator IC4, der durch einen Schmitt-Trigger T12, T13 und IC5, IC6 geschaltet wird. Daraus resultieren eine Gegenkopplung und eine Mitkopplung.

Die Gegenkopplung in Form der durch den Schalter CW umschaltbaren Kondensatoren C23, C24 und C25, führt vom Ausgang des Integrators IC4 an den invertierenden Eingang zurück.

Die Mitkopplung führt vom Ausgang des Schmitt-Triggers (Ausgänge IC5 und IC6) über den Emitterfolger T11 und DA1 ebenfalls an den invertierenden Eingang von IC4. Die so erzeugte Dreieckfunktion am Ausgang IC4 gelangt an den Sinus-Konverter, bestehend aus den drei Diodenbrückenschaltungen und den Ausgangsverstärker IC7.

Die Ausgänge der drei Brückenschaltungen liegen gemeinsam am invertierenden Eingang von IC7, so daß die drei Teilbegrenzungen der Dreieckfunktion durch die Brückenschaltungen in ihrer Gesamtfunktion am Verstärkereingang wirksam werden.

Versuchen wir abschließend auch an den Beispielen dieses Abschnitts die wesentlichsten Erkenntnisse festzuhalten:

- Kopplungen in Schaltungen lokalisieren
- Unterscheidungsmerkmale von Kopplungen bestimmen und in ihrer Wirkung definieren.

Übungen

Versuchen Sie anhand vieler Schaltungsbeispiele, aus Lehrbüchern und Industrieschaltungen, die Kopplungen und ihre Funktionen festzuhalten.

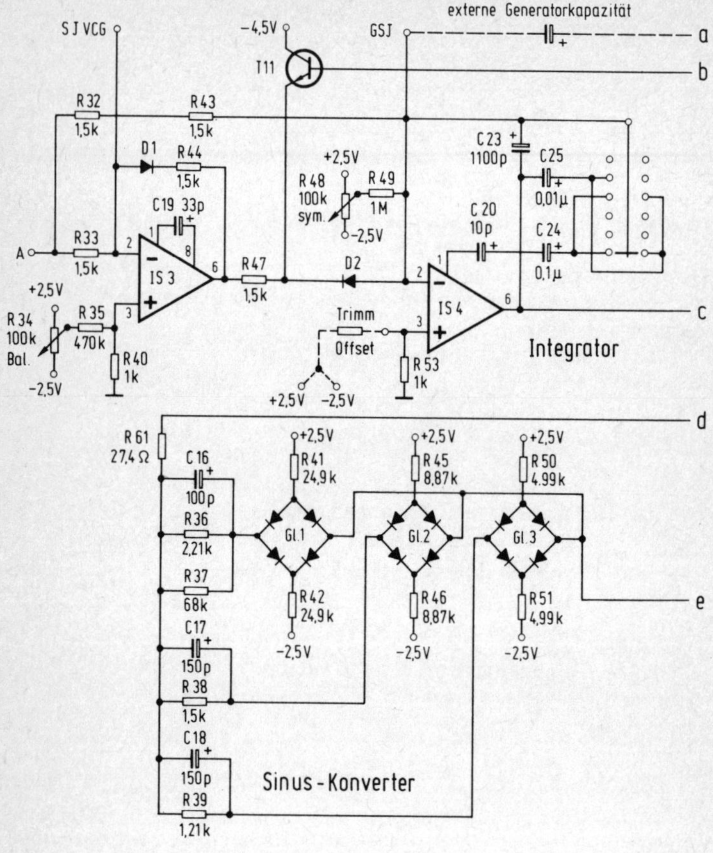

4.6 Funktionsgenerator

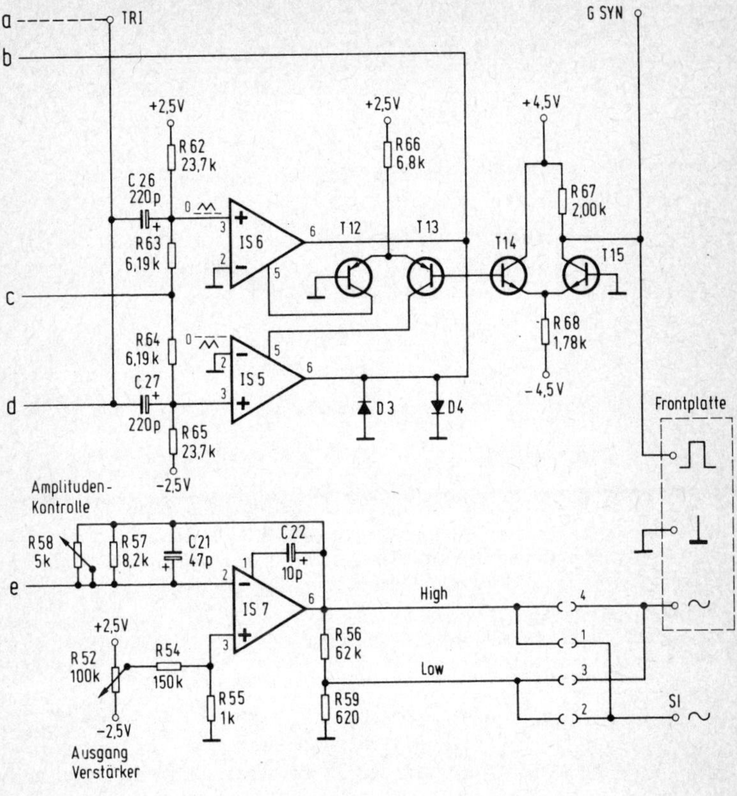
a
TRI
b
G SYN
+2,5V
R 62
23,7k
C 26
220p
R 63
6,19k
IS 6
+2,5V
R 66
6,8k
T 12
T 13
+4,5V
R 67
2,00k
T 14
T 15
c
R 68
1,78k
−4,5V
R 64
6,19k
C 27
IS 5
d
220p
R 65
23,7k
−2,5V
D 3
D 4
Frontplatte
Amplituden-
Kontrolle
R 58
5k
R 57
8,2k
C 21
47p
C 22
10p
e
IS 7
High
+2,5V
R 52
100k
R 54
150k
R 56
62k
Low
R 55
1k
R 59
620
−2,5V
SI
Ausgang
Verstärker

5 Signalwege und Funktionsabläufe festlegen

Es gibt leider nur wenige Serviceunterlagen, in denen vom Hersteller bereits der Signalweg oder der Funktionsablauf im Gesamtbild durch besondere Kennzeichnungen oder Markierungen hervorgehoben ist.

Gerade in umfangreichen Schaltungen ist es vorteilhaft, den Signalweg oder den Funktionsablauf zu kennzeichnen, damit ein zügiges Vorangehen bei der Überprüfung und Fehlersuche der Schaltung ermöglicht wird.

Bei analogen Schaltungen (z.B. Verstärker, Oszillatoren) genügt es, die Verbindungswege (Verbindungskopplungen) durch eine breitere Strichstärke zu kennzeichnen. Man muß sich aber noch weitere "Gedächtnisstützen" anmerken. Etwa den Verstärkungsfaktor jeder Stufe; oder bei konstanter Eingangsamplitude, die Spannungen an den Ausgängen jeder Stufe.

5.1 Kennzeichnung der Signalwege in analogen Schaltungen

Die Schaltung in *Abb. 5.1* stellt einen aktiven Klangeinsteller dar. Die erste Stufe ist ein Emitterfolger und hat daher die Verstärkung $v_u \leqq 1$. Das NF-Signal teilt sich nach dieser Stufe in zwei Signalwege für hohe und tiefe Frequenzen. Vor dem Eingang der zweiten Verstärkerstufe ($v_u = 5$) werden beide Signalwege zusammengeführt. Die dritte Stufe ist ebenfalls ein Emitterfolger mit der Verstärkung $v_u \leqq 1$.

Der Signalweg im NF-Verstärker nach *Abb. 5.2* führt vom Eingang über C1 und R1 an den nichtinvertierenden Eingang des integrierten Vorverstärkers. Aufgrund des Widerstandsverhältnisses R2 zu R4 liegt die Verstärkung mit $v_u = 22$ fest.

Das NF-Signal gelangt vom Ausgang des ICs an den Eingang des Transistors T2 und über die Dioden D1 und D2 an die Basis von T1.

Am zusammengeführten Emitter der beiden Transistoren wird das Signal wieder abgenommen. Grundsätzlich soll man verzweigte Signalwege, sofern sie für die Funktion von Bedeutung sind, mit kennzeichnen.

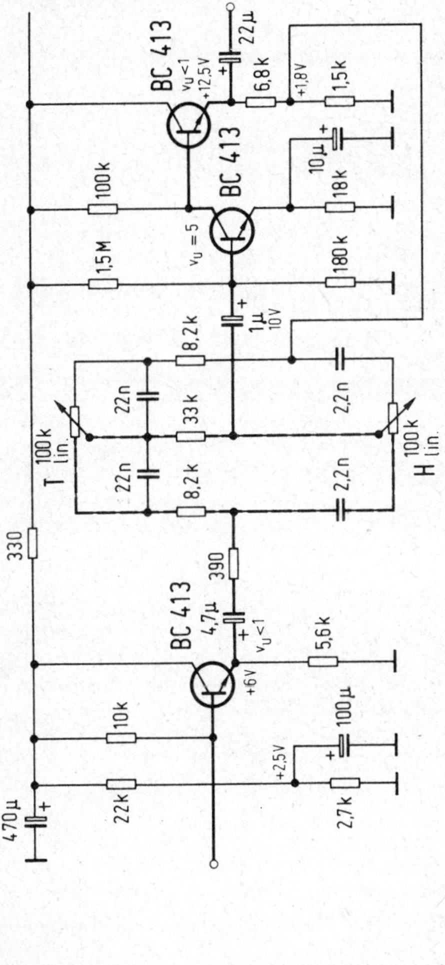

5.1 Aktiver Klangeinsteller

5.2 NF-Verstärker

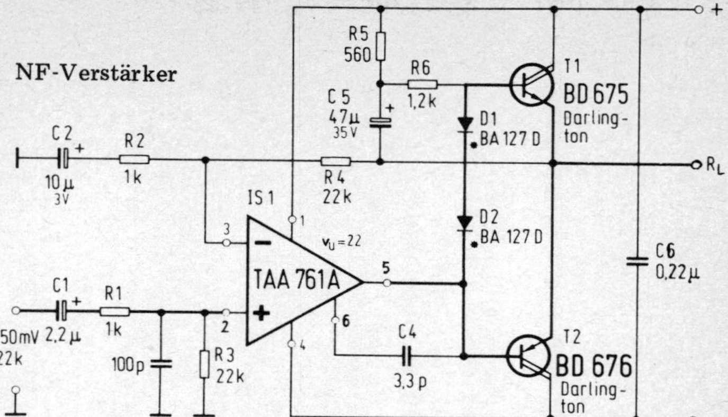

5.3 Rechteckgenerator

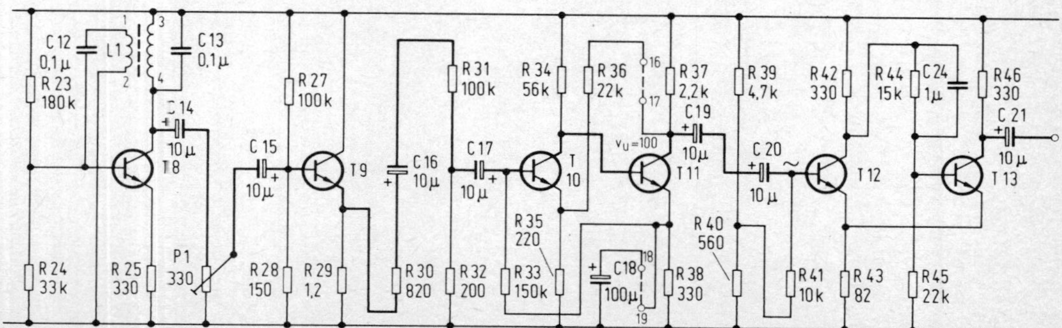

Dies empfiehlt sich für Differenzverstärker (vgl. Abb. 3.7). Vom Eingang A führt der Signalweg über T8a (Gate-Drain) zur Basis T9. Weiter vom Kollektor T9 zur Basis T10. Am Kollektor T10 wird das Signal abgenommen. Der zweite Signalweg führt über T 8b (Gate-Drain) zur Basis T12. Weiter vom Kollektor T12 zur Basis T11.

Die *Abb. 5.3* zeigt einen Funktionsablauf, an dem verschiedene Grundschaltungen beteiligt sind. Die Stufe T8 wirkt mit der äußeren Beschaltung als Meißner-Generator. Der Signalweg beginnt deshalb am Ausgang dieser Schaltung.

Die Stufe T9 ist ein Impedanzwandler, von dessen Emitterausgang das Signal zur weiteren Verstärkung an einen zweistufigen Verstärker T10 und T11 führt. Der Verstärkungsfaktor dieser Stufen liegt bei $v_u = 100$. Dies ergibt sich aus dem Widerstandsverhältnis R35 und R36 (vgl. dazu Abb. 4.2).

Nach diesem Verstärker folgt eine Kippstufe in Form eines Schmitt-Triggers.

Bei Kippstufen ist es nicht sinnvoll den Funktionsablauf über jede einzelne Stufe festzulegen. Dies würde nur zu Verwirrungen führen, da hier die Funktion selbstätig, sozusagen innerhalb der Schaltung abläuft, d.h. keine Verstärkung des angelegten Signals erfolgt.

Sinnvoller ist es, den Eingang und den Ausgang mit der jeweiligen Signalform zu kennzeichnen. Die Signalwegmarkierung endet am Eingang der Kippstufe oder Impulserzeugerschaltung und wird am Ausgang fortgeführt.

Die gleichen Überlegungen gelten für Synchronsignale. Der Signalweg für das Synchronsignal endet an der zu synchronisierenden Stufe.

5.2 Kennzeichnung des Funktionsablaufs bei digitalen Schaltungen

Die Markierung der Signalwege bei IC-Schaltungen ist weniger sinnvoll, da damit keine verwertbare Aussage über die Funktion entsteht.

Mehr Vorteile und verwertbare Aussagen bringen hier Pegelangaben an Ein- oder Ausgängen.

Als Beispiel wird die in *Abb. 5.4* dargestellte Zählerschaltung mit selbsttätiger Rückstellung auf ihren Funktionsablauf überprüft.

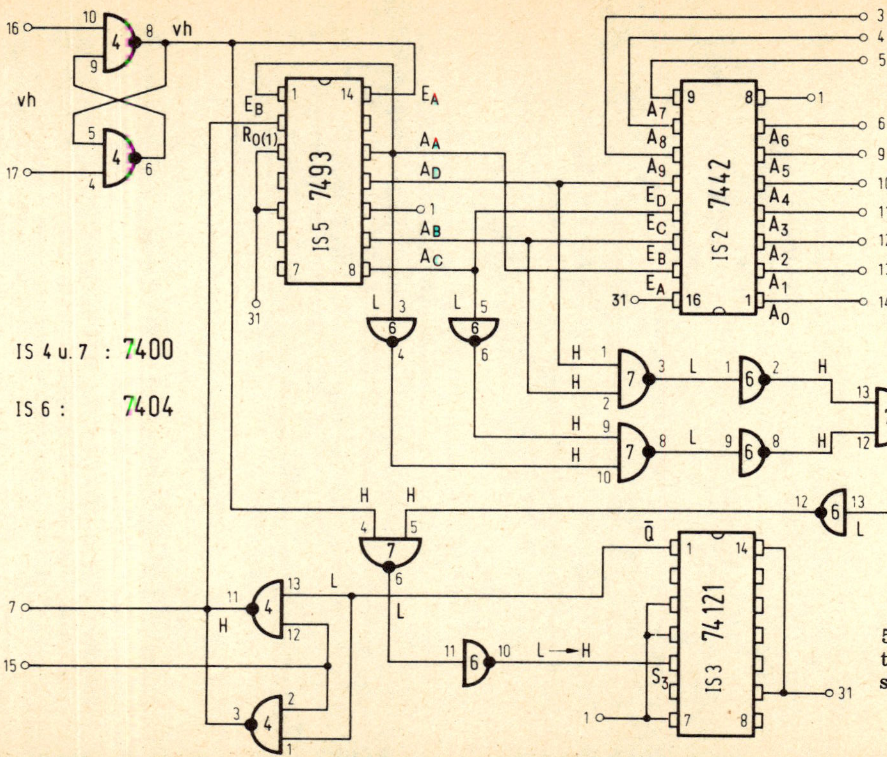

5.4 Zählerschaltung mit Rückstellung

Der 4-Bit-Binarzähler 7493 wird über den Eingang E_A (14) mit vh-Impulsen getaktet. Die Verbindung des Ausgangs A_A (12) und des Eingangs E_B (1) sagt aus, daß dieser Binarzähler 1:16 untersetzt.

An den Ausgängen A_A bis A_D sind zwei weitere Funktionseinheiten angeschlossen.

Es sind dies der BCD-Dezimal-Decodierer 7442, der den Binärcode in dezimale Zählung umwandelt und die Logikschaltung, die das Monoflop 74121 steuert. Dieses Monoflop setzt über eine weitere Logik den 4-Bit-Binärzähler am Rückstelleingang $R_{O(1)}$ zurück.

Nicht sofort ersichtlich ist, bei welcher Taktzahl an E_A (7493) die Rückstellung erfolgt.

Um dies herauszufinden, ist es bei Digitalschaltungen sinnvoll von den Bedingungen auszugehen, die erforderlich sind, das Monoflop 74121 am Ausgang $\overline{Q}$ (1) von H nach L zu kippen.

Anhand einer Funktionstabelle und der Beschaltung der Eingänge S1 und S2 sind die Eingangsvoraussetzungen für S3 gegeben.

Wenn die Eingänge S1 und S2 an Pegel L liegen, ist eine L→H-Pegeländerung am Eingang S3 erforderlich, damit Ausgang $\overline{Q}$ von Pegel H nach Pegel L springt. Diese Eingangsbedingung wird am Ausgang des Negators 6/10 eingetragen.

Der Endzustand t = tn + 1, Pegel H, erfordert daher am Eingang des Negators und damit am Ausgang 6 der NAND-Schaltung 7 den Pegel L.

An einem NAND-Ausgang steht am Ausgang nur dann der Pegel L, wenn beide Eingänge Pegel H führen. Dies ergibt bereits die Aussage, daß das Monoflop nur dann gesetzt wird, wenn der Taktimpuls vom Eingang und der Impuls von den Ausgängen des 4-Bit-Binarzählers am NAND-Gatter anliegen.

Am Eingang 5 des NAND-Gatters 7 liegt der Pegel an, der durch die Ausgänge des Binarzählers bestimmt wird. Da die Rückstellung nur bei einer bestimmten Wertigkeit der Binarausgänge erfolgen soll, kann der Pegel H am Eingang des NAND-Gatters 7/5 nur bei einer bestimmten Konfiguration der Ausgänge erscheinen. Dies läßt sich durch weitere Rückverfolgung der Pegel an den Gattern bestimmen. Wenn am Ausgang des Negators 6/12 H-Pegel anliegt, dann muß am Eingang 6/13 L-Pegel anstehen.

Dies hat wiederum zwangsweise Pegel H an den Eingängen 12 und 13 des NAND-Gatters 7 zur Voraussetzung. An den Eingängen 1 und 9 der Negatoren 6 steht dadurch Pegel L, der wiederum Pegel H an den Eingängen 1, 2, 9 und 10 der NAND-Gatter 7 voraussetzt.

Die Eingänge 3 und 5 der Negatoren 6 haben dann Pegel L. Jetzt ist auch ersichtlich, welche Pegel die Ausgänge des Binarzählers haben und welcher Wertigkeit dies entspricht.

Ausgang	A_A	Pegel L	$(2^0 = 0)$
"	A_B	Pegel H	$(2^1 = 2)$
"	A_C	Pegel L	$(2^2 = 0)$
"	A_D	Pegel H	$(2^3 = 8)$

Somit steht fest, daß der Binarzähler nach dem zehnten Taktimpuls zurückgestellt wird.

Durch diese Kennzeichnung des Funktionsablaufes hat man zwei wesentliche Vorarbeiten geleistet. Man weiß jetzt devinitiv wenn der Zähler zurückstellt und hat damit gleichzeitig den Funktionsablauf für alle Logikschaltungen gekennzeichnet. Verbleibt nur noch die Feststellung mit welchem Pegel an Eingang $R_{o(1)}$ der Binarzähler zurückgestellt wird.

Wenn am Eingang $\overline{S3}$ des Monoflop ein L→H-Sprung erfolgt, springt der Ausgang $\overline{Q}$ von Pegel H nach Pegel L. Dieser Pegel steht dann am Eingang des Nand-Gatters 4/13. Das Gatter muß dann am zweiten Eingang 12 ebenfalls Pegel L anstehen haben, damit am Ausgang 4/11 ein H-Pegel entsteht. Dieser Pegel ist erforderlich, um den Binarzähler an $R_{o(1)}$ zurückzustellen.

Fassen wir die Funktion der Rückstellung des Binarzählers noch einmal zusammen:

Der zehnte Taktimpuls am Eingang des Binarzählers setzt die Rückstellogik bis zum Eingang 5 des NAND-Gatters 7. Mit dem elften Taktimpuls (Pegel H an Eingang 4 des Gatters 7) wird das Monoflop am Ausgang $\overline{Q}$ auf Pegel L gesetzt. Dieser Pegel bewirkt zusammen mit einem weiteren L-Pegel am Eingang 15 die Rücksetzung des Binarzählers.

Übung:

Versuchen Sie bei allen bisher besprochenen Schaltungen die Signalwege und die Funktionsabläufe zu kennzeichnen, bzw. sichtbar zu machen.

5.3 Pegel- und Leistungsanpaßschaltungen am Mikrocomputer

Der Anschluß eines Mikrocomputersystems an Ein- und Ausgabeschaltungen erfordert meistens eine Pegelanpassung an den Schnittstellen, in der Regel Ein-/Ausgabe-IC.

Eine Maschinensteuerung arbeitet beispielsweise mit Betriebsspannungen von mindestens 24 V, ein MC-System in der Regel mit 5 V. Hinzu kommt, daß die Datenausgänge integrierter TTL-Schaltungen nur Lastströme bis zu 10 LE (max. 10 mA) zur Verfügung stellen können, MOS-Schaltungen max. 1 mA. Somit ergeben sich an Anpaß-Schaltungen (auch als Interface bezeichnet) unterschiedliche Forderungen:

- Anpassung hoher Ausgangsspannungen an TTL- oder MOS-Eingänge,
- Anpassung von TTL- oder MOS-Ausgängen an Schaltungen mit höheren Betriebsspannungen und höheren Lastströmen,
- Anpassung von TTL-Schaltungen an MOS-Schaltungen und umgekehrt.

Anzusteuernde Bauteile, wie Lampen, Relais und Motoren arbeiten mit höheren Lastströmen oder Betriebsspannungen als beispielsweise die Ausgänge eines Ein-Ausgabe-ICs (1mA). Daher ist es erforderlich, eine zusätzliche Schaltstufe einzusetzen und somit den notwendigen Laststrom und die Betriebsspannung für das zu steuernde Bauelement zu erzeugen. Hierbei muß beachtet werden, daß die hohen Schaltströme und -spannungen das MC-System nicht beeinflussen dürfen. Deshalb sind für diese Schaltungen getrennte Netzteile erforderlich. Die Netzteile dürfen mit dem Netzteil des MC-Systems nur über den Massepunkt (Bezugspunkt) verbunden werden.

Wird von einem Ausgang eines Ein-Ausgabe-ICs (Abk.: EA-IC) nur ein npn-Transistor angesteuert, kann die Basis des Transistors direkt mit dem Ausgang verbunden werden *(Abb. 5.5a)*. Für den Transistor ist dann ein Basisstrom von ca. 1,5 mA gewährleistet.

Ein zusätzlicher Widerstand zwischen dem Ausgang PB 1 des EA-IC und U_{cc} ermöglicht, für den nachgeschalteten Transistor einen größeren Basisstrom zu erzeugen. Der Minimalwert dieses Widerstandes ist durch den zulässigen Aus-

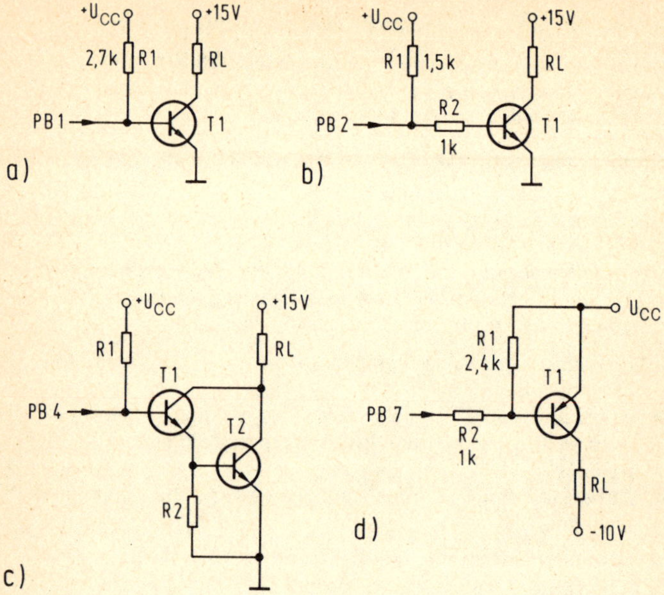

5.5 Pegel- und Leistungsanpassung mit Transistoren am Ausgang von EA-ICs

gangsstrom bei L-Pegel gegeben, der für den Ausgang 2mA beträgt, woraus ein Minimalwert von ca. 2,7 kΩ für diesen Widerstand resultiert. Für den Transistor wird ein Basisstrom von ca. 3mA zur Verfügung gestellt.

Wenn außer der Verstärkerstufe noch weitere Logik-Schaltungen angeschlossen werden sollen, muß die für den H-Pegel festgelegte Spannung (in diesem Beispiel ca. 1,5V) erhalten bleiben. In dem vorangegangenen Beispiel würde siese durch die Basis-Emitter-Diode des Transistors kurzgeschlossen werden. Ein Widerstand zwischen Ausgang des EA-IC und der Basis des Transistors gewährleistet die Aufrechterhaltung des H-Pegels *(Abb. 5.5b)*.

Ein Transistor, der bei 1mA Basisstrom voll durchsteuert, kann max. 50 bis 100mA Laststrom im Kollektor schalten. Eine höhere Schaltleistung kann nur durch Kaskadierung von

Schaltstufen in Form von Darlingtonstufen erreicht werden. Die Schaltung am Ausgang PB4 zeigt dies als Beispiel *(Abb. 5.5c)*.

Bei Lastspannungen mit negativer Polarität ist es erforderlich, einen pnp-Transistor einzusetzen, wie dies am Ausgang PB7 *(Abb. 5.5d)* gezeigt ist. Der Widerstand R1 bestimmt den Basisstrom für diesen Transistor. Widerstand R2 gewährleistet den gesperrten Zustand des Transistors, wenn der Ausgang des EA-IC H-Pegel aufweist.

In *Abb. 5.6* sind einige Beispiele für die Anpassung höherer Pegel an die Eingangsstufe des EA-IC dargestellt.

Die Schaltung am Anschluß PAO *(Abb. 5.6a)* zeigt den einfachsten Fall der Pegeldämpfung durch einen Spannungsteiler.

Die Schaltung des PA2-Einganges *(Abb. 5.6b)* zeigt die Herabsetzung von 15-V-Pegeln auf 5 V durch einen CMOS-Treiber CD 4050. Dieser Baustein hat den Vorteil, daß bei SV Betriebsspannung Eingangsspannungen bis zu +15 V angelegt werden können. Der Ausgangspegel des Treibers erfüllt hiermit die Eingangsbedingungen des EA-IC. Durch entsprechende Dimensionierung von R2 und R1 können auch höhere

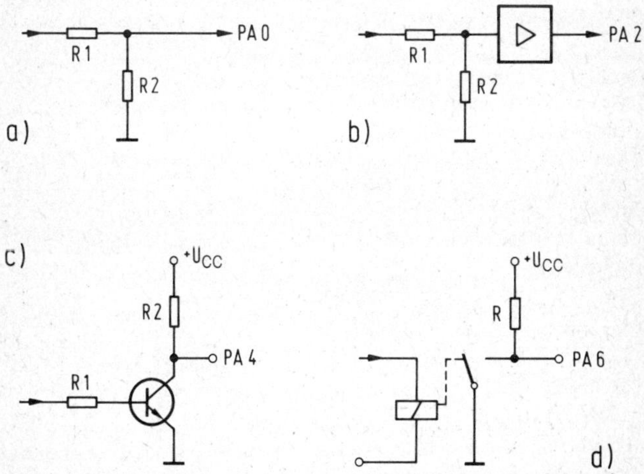

5.6 Pegelanpassungen am Eingang von EA-IC

Eingangspegel angelegt werden. Der Widerstand R1 entfällt bei Eingangsspannungen bis 15 V. Widerstand R2 ist in jedem Fall für den Eingang der CMOS-Schaltung erforderlich.

Die Anpassung von Pegeln unter 5 V an den Eingang PA4 *(Abb. 5.6c)* wird durch eine Transistor-Schaltstufe erreicht. Die Eingangsspannung sollte aber mindestens die erforderliche Schaltspannung von 1 V aufweisen.

Relaisschaltungen können zweckmäßigerweise in der am Eingang PA6 *(Abb. 5.6d)* dargestellten Form angeschlossen werden. Durch die galvanische Trennung der Schnittstelle ist diese polaritätsfrei. Diese Schaltung ist auch aus Gründen der Störsicherheit vorteilhaft.

Neben dem Relais werden – vor allem bei höheren Schaltgeschwindigkeiten – Optokoppler eingesetzt. In *Abb. 5.7* ist als Eingangsschaltung für den Eingang PA1 eine Optokopplerschaltung mit Eingangsspannungsteiler und einen Schmitt-Trigger am Ausgang dargestellt. Der Widerstand R1 und der Kondensator C1 wirken als Tiefpaß zur Unterdrückung von Störsignalen, die über der höchsten Signalfrequenz liegen.

Die Diode D1 und die LEDs im Optokoppler benötigen eine Schwellenspannung Us, die vom Eingangssignal überschritten werden muß. Dies muß bei der Dimensionierung des Spannungsteilers R1 und R2 für das Eingangssignal berücksichtigt werden. Das Teilerverhältnis muß auch die Bedingung für den L-Pegel des Eingangssignales erfüllen. Das Eingangssignal muß in diesem Fall unter der Schwellenspannung Us liegen. Der Schmitt-Trigger im Ausgang des Optokopplers ist für Signale mit langsamen Impulsflanken erforderlich, z.B. Impulserzeugung durch mechanische Kontakte.

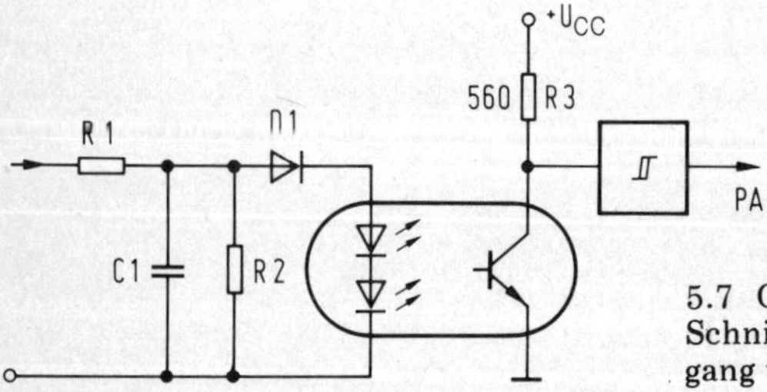

5.7 Optokoppler als Schnittstelle am Eingang von EA-ICs

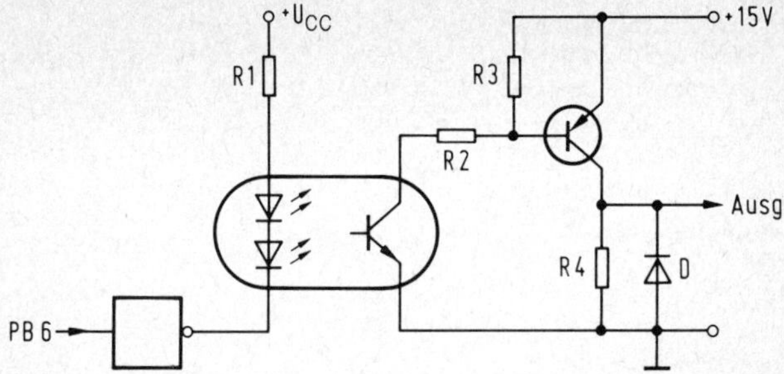

5.8 Optokoppler mit Treiberstufe am Ausgang vom EA-IC

Die galvanische Trennung der Ausgänge des MC-Systems von der Peripherie kann ebenfalls erforderlich sein, da sich die Störungen auch rückwirkend auf das System auswirken können. Auch hier ist der Einsatz von Optokopplern und Relais angebracht.

In *Abb. 5.8* ist eine Kopplerschaltung mit nachfolgender Treiberstufe dargestellt. Der Ausgang des EA-ICs ist über einen TTL-Treiberbaustein an den Optokoppler angeschlossen. Dies ist erforderlich, da der Ausgang nicht die erforderliche Leistung für die Leuchtdiode im Optokoppler aufbringt. Durch die Transistorfunktion im Optokoppler wird der Ausgangspegel des EA-IC invertiert. Daher wird als nachfolgender Schaltverstärker ein pnp-Transistor eingesetzt. Die Diode im Ausgang schützt die Schaltung vor Impulsen, die beim Abschalten von Induktivitäten, wie z.B. Relais oder Magnetventil auftreten.

Das Bezugspotential der galvanisch getrennten Eingangs- und Ausgangsschaltungen ist immer mit dem Peripheriegerät verbunden. Auch die Versorgungsspannung dieser Schaltungen kommt daher von dem Peripheriegerät, da diese sich ebenfalls auf das Bezugspotential bezieht.

Die Verbindung der Ein- und Ausgänge des MC-Systems mit den Interface-Schaltungen erfolgt mit verdrillten Leitungen und einer gemeinsamen Abschirmung.

Abb. 5.9 zeigt die Interface-Schaltung für den Betrieb eines Fernschreiberrelais.

Die Schaltung wird durch einen Optokoppler, der das Fernschreiberrelais mit 40mA speisen muß, an den Senderausgang

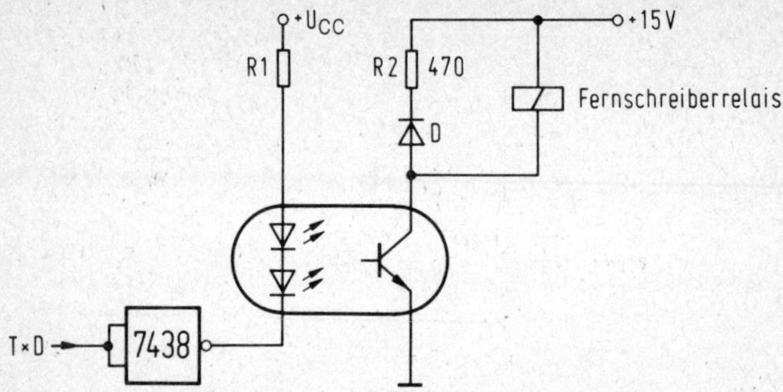

5.9 Fernschreiberanschluß am Ausgang von EA-IC

TxD des EA-IC angeschlossen. Der Ausgangsstrom des Treiberbausteins 7438 wird durch den Widerstand R auf 40mA begrenzt. Für den Optokoppler ergibt sich somit ein Typ, der ein Übersetzungsverhältnis von 1 für Eingangs- und Ausgangsstrom aufweist.

5.4 Tri-state-Ausgänge oder Bus-Funktionen

Bevor wir uns mit den Funktionen und Signalwegen eines Mikrocomputers näher befassen, müssen wir die in einer Mikrocomputerschaltung besonderen Leitungsverbindungen kennenlernen. Einer Fachdefinition entsprechend, ist ein Bus eine Datenleitung, an der mehrere digitale Funktionseinheiten mit Eingang und Ausgang gleichzeitig angeschlossen sind.

Von der Digitaltechnik wissen wir, daß an einen Ausgang mehrere Eingänge angeschlossen werden können, aber nicht zwei oder mehrere Ausgänge.

Um die Sache verständlich zu machen, beginnen wir am besten mit einer einfachen Leitungsverbindung zwischen zwei digitalen ICs *(Abb. 5.10)*.

Der Ausgang des ersten ICs (Kollektor Vc in Abb. 5.10b) ist mit dem Eingang des zweiten ICs (Multi-Emitter V3) ver-

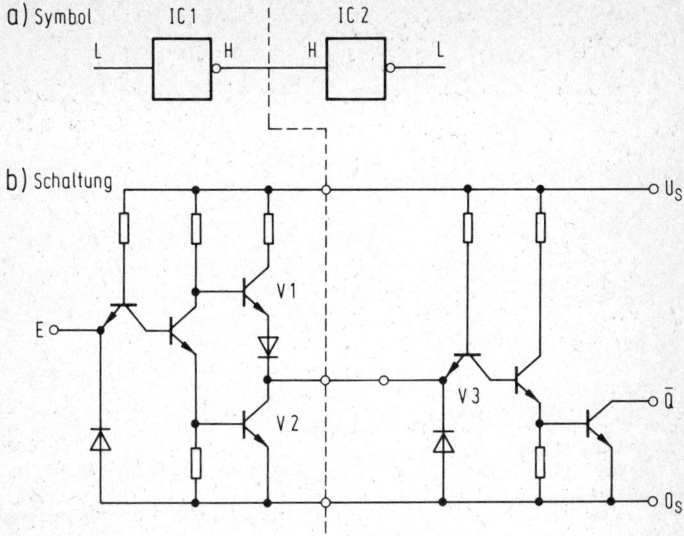

5.10 Leistungsverbindung zwischen zwei ICs
a) Symbol
b) Schaltung

bunden. Die Ausgangsstufe des ersten ICs bestimmt damit den Eingangspegel der zweiten Stufe. Ist die Transistorstufe V1 gesperrt und die Transistorstufe V2 leitend, stellt sich am Ausgang der Pegel L (etwa 0 V) ein. Der Innenwiderstand der Stufe beträgt gegen Bezugspotential O_S nur wenige Ohm, ist also sehr niederohmig. Der Emitterstrom der Eingangsstufe V3 des zweiten ICs fließt über den leitenden Transistor V2 ab und erzeugt nur geringen Spannungsabfall, entsprechend Pegel L.

Ist der Transistor V1 in Bild 5.10b leitend und V2 gesperrt, ergibt sich am Ausgang des ersten ICs ein Ausgangspegel von etwa 5 V, entsprechend U_s (Pegel H). Dieser Pegel stellt sich damit auch am Eingang des zweiten ICs ein. Durch den gesperrten Transistor V2 kann der Emitterstrom der Eingangsstufe V3 nicht über V2 abfließen, der Transistor bleibt gesperrt.

Solange an den Ausgang einer Schaltung nur die Eingänge von einem oder mehreren ICs angeschlossen sind, können diese

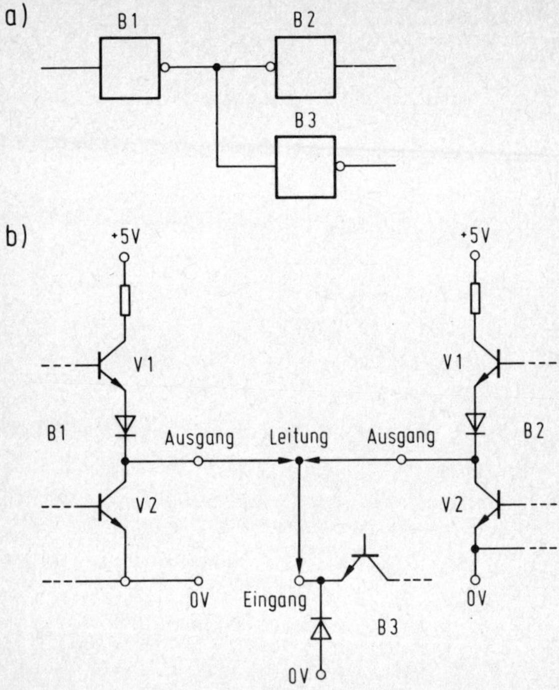

5.11 Funktion von drei zusammengeschalteten ICs
a) Symbol
b) Schaltung

Eingänge gemeinsam gesteuert werden. Es ist aber nicht möglich, nur eines von mehreren angeschlossenen ICs von der gemeinsamen Steuerstufe aus zu bedienen.

In *Abb. 5.11* ist die Funktion und die Auswirkung dreier zusammengeschalteter digitaler Bausteine dargestellt. Die Bausteine B1 und B2 sind mit den Ausgängen direkt verbunden. Der Baustein B3 ist mit dem Eingang angeschlossen. Der Transistor V2 des Bausteins B1 soll leitend sein, V1 gesperrt. Dadurch gibt der Baustein B1 niederohmig den Pegel L am Ausgang an die Leitung ab.

Im Baustein B2 ist V1 leitend und V2 gesperrt. Dies bedeutet, daß der Ausgang des Bausteins B2 hochohmig etwa 5 V, entsprechend dem Pegel H, an die Leitung abgeben würde. Über den leitenden Transistor V2 des Bausteins B1 wird dieser Pegel kurzgeschlossen, so daß sich auf der Leitung und am Eingang des Bausteins B3 nur der L-Pegel des Bausteins B1 auswirkt.

Dieses Beispiel veranschaulicht nochmals, daß immer nur der Baustein, der am Ausgang zur Steuerung anderer Bausteine

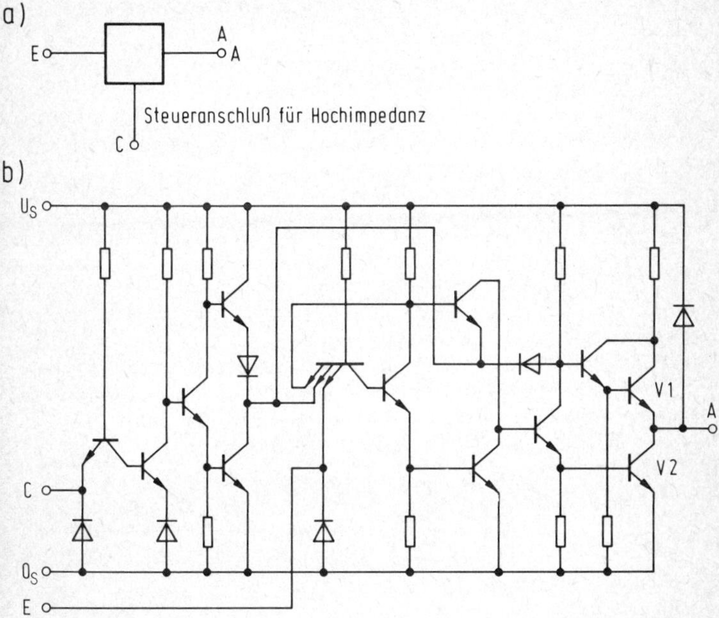

c)

C	E	A
L	L	L
L	H	H
H	L	HI
H	H	HI

5.12 IC mit Tri-state Funktion
a) Symbol
b) Schaltung
c) Funktion

Signale abgeben soll und der Baustein, der diese übernehmen soll (vgl. Abb. 5.10), an die gemeinsame Leitung angeschlossen werden kann. Alle anderen Bausteine, die mit an der gemeinsamen Leitung angeschlossen sind, dürfen mit ihren Ausgängen nicht an der gemeinsamen Leitung verbunden sein.

Eine schaltungstechnische Lösung, die ein Zusammenschließen der Ein- und Ausgänge ermöglicht, veranschaulicht *Abb. 5.12.* Außer dem Eingang E und dem Ausgang A weist das Symbol der Schaltung in Abb. 5.12a noch einen weiteren Eingang C auf, der es ermöglicht, die beiden Ausgangstransistoren V1 und V2 im Bild 5.12b gleichzeitig nichtleitend zu schalten. Dadurch wird der Ausgang dieser Stufe hochohmig. Auf die angeschlossene Leitung wirkt sich dies elektrisch so aus, als wenn sich dieser Baustein mit seinem Ausgang abgeschaltet hätte. Bausteine mit dieser Funktion werden als „Tri-state"-Baustein bezeichnet.

Die Funktionstabelle in Abb. 5.12c zeigt, daß sich an der Funktion der Treiberstufe nichts ändert, solange die Steuerleitung C für die Funktion „Hochimpedanz" (Abk.: HI) nicht aktiv ist. Sobald dieser Eingang gesetzt wird, geht der Ausgang der Treiberstufe auf Hochimpedanz.

Die Bausteine mit „Tri-state"-Funktion können dadurch mit den sowieso vorhandenen hochohmigen Eingängen E und den Tri-state-Ausgängen A auf eine gemeinsame Leitung geschaltet werden *(Abb. 5.13).* Voraussetzung ist, daß nur ein

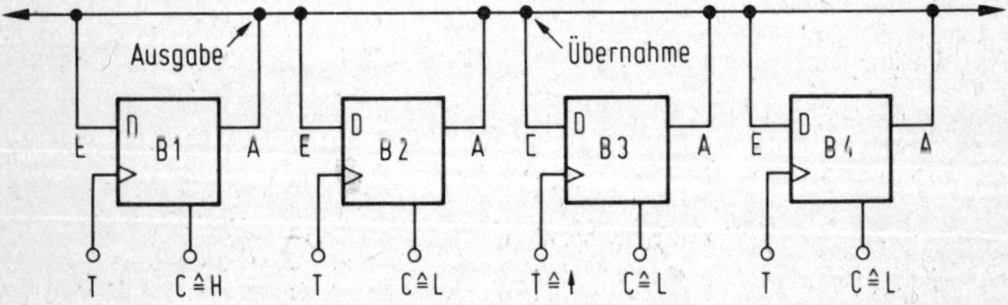

5.13 IC mit Tri-state-Funktion am Ausgang und Taktfunktion am Eingang

Baustein über dem Kontrolleingang C (Pegel H) am Ausgang freigegeben ist (in diesem Beispiel der Baustein B1). Alle anderen Bausteine sind über den Steuereingang C am Ausgang auf Hochimpedanz (HI) geschaltet. Dadurch kann der Baustein B1 seinen Ausgangspegel an alle anderen Eingänge übertragen.

Damit der Eingang des Bausteines B1 nicht sein eigenes Ausgangssignal übernehmen muß, sind die Bausteine an den Eingängen mit einem Takteingang versehen.

Der Takteingang T in *Bild 5.13* übernimmt diese Funktion. Solange ein Baustein nicht getaktet wird, kann er die an seinen Eingängen anstehenden Informationen nicht übernehmen. Soll z.B. der Baustein B3 die Daten übernehmen, muß er getaktet werden.

Die bisher gewonnenen Erkenntnisse können wir auf den Datenaustausch eines Mikroprozessors mit seinen peripheren Bausteinen übertragen. Dazu betrachten wir die schematische Darstellung in *Abb. 5.14*.

Der mit MP bezeichnete Baustein B1 ist der Mikroprozessor. Die Bausteine B2, B3 und B4 sind Speicherbausteine und Eingangs-Ausgangs-Bausteine (EA-ICs).

Die Bausteine, die jetzt mehrere Datenausgänge aufweisen (vier Leitungen), sind miteinander über Daten-Adreß- und Steuer-Leitungen verbunden.

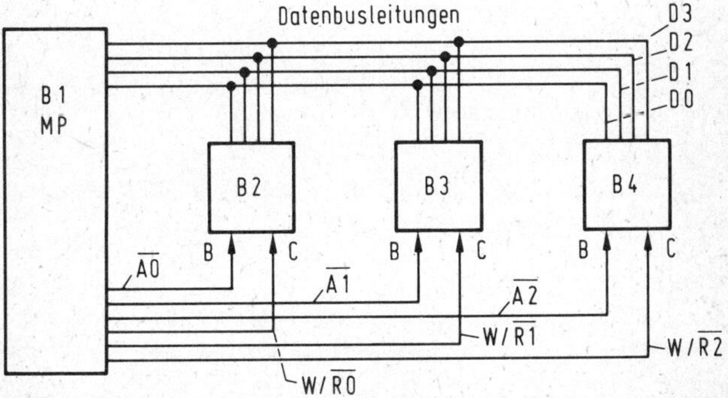

5.14 Prinzip der Bausteinauswahl

Die Eingangs- und Ausgangs-Anschlüsse der einzelnen Bausteine sind zu jeweils einem Anschluß D_0 bis D_3 zusammengefaßt.

Die Freigabe der einzelnen Bausteine am Eingang B erfolgt über jeweils eine Adreßleitung A_0 bis A_2.

Die Umschaltung der Bausteine — Hochimpedanz am Ausgang — erfolgt durch die Steuerleitung $W/\overline{R0}...\overline{R2}$ an den Kontrolleingängen C. In der Ausgangs- oder Ruhelage sind alle an den Mikroprozessor angeschlossenen Bausteine B2 bis B4 mit ihren Ausgängen auf Hochimpedanz geschaltet. Als Beispiel wird angenommen, daß der Baustein B1 Daten aus dem Baustein B4 (Inhalt des vierstelligen Registers) übernehmen will. Man sagt dazu in der Fachsprache „Lesen".

Dazu muß das Steuerwerk des Mikroprozessors erst über die Adreßleitung A2 den Baustein B4 freigeben (Pegel L an $\overline{A2}$). Der Querstrich über A2 sagt aus, daß dieses Signal L-aktiv ist, d. h., im Ruhezustand steht an dieser Leitung H-Pegel. Diese Aussage gilt auch für alle anderen in dieser Art gezeichneten Anschlüsse.

Über die Steuerleitung $W/\overline{R2}$ (L-aktiv) wird der Ausgang des Bausteins B4 freigegeben. Damit zeigen sich die Pegelzustände des Registers an den Datenbus-Leitungen, die in den Mikroprozessor eingelesen werden können. Dazu hat das

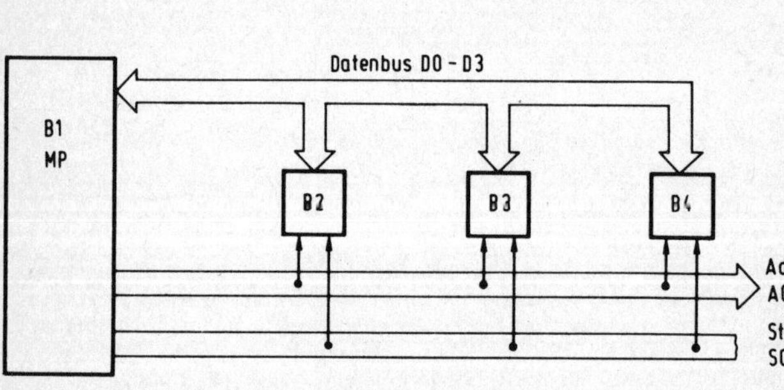

5.15 Schematische Darstellung der Schaltung aus Abb. 5.14

Steuerwerk des Mikroprozessors den Akkumulator mit den Eingängen auf die Datenleitungen geschaltet.

Die Bezeichnung der Steuerleitungen mit W/$\overline{R}$ hat folgende Bedeutung:

Wenn der Steuerausgang W/$\overline{R}$ im Ruhezustand Pegel H aufweist, sind die Eingänge des adressierten und damit freigegebenen Bausteins zur Übernahme von Daten freigegeben. Der Mikroprozessor kann daher Daten (in diesem Beispiel ein 4stelliges Bitmuster) in den Baustein einschreiben. Der Buchstabe "W" steht in diesem Fall für das englische Wort "write" (schreiben).

Im Zustand "L" der Steuerleitung sind die Ausgänge des Bausteines freigegeben, so daß jetzt der Mikroprozessor die dadurch an den Datenleitungen anstehenden Pegel in seinen Akkumulator "lesen" kann. Der Buchstabe "R" steht daher für das englische Wort "read" (lesen).

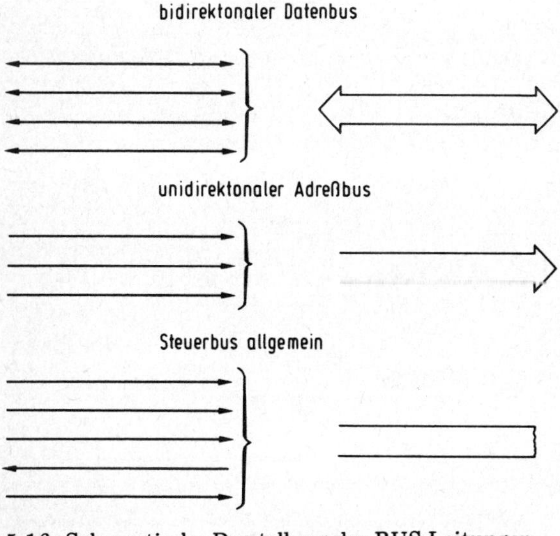

5.16 Schematische Darstellung der BUS-Leitungen

In *Abb. 5.15* ist die Schaltzeichnung aus Abb. 5.14 vereinfacht als Blockschema dargestellt. Die einzelnen Daten-, Adreß- und Steuer-Leitungen werden hierbei zu Sammelschienen zusammengefaßt.

Die Sammelschiene des Datenbus zeigt an jedem Endpunkt eine Pfeilspitze. Dies soll zum Ausdruck bringen, daß die Daten gelesen und geschrieben werden können (bidirektionaler Bus). Als Ursprung der Definition wird hierbei immer der Mikroprozessor betrachtet.

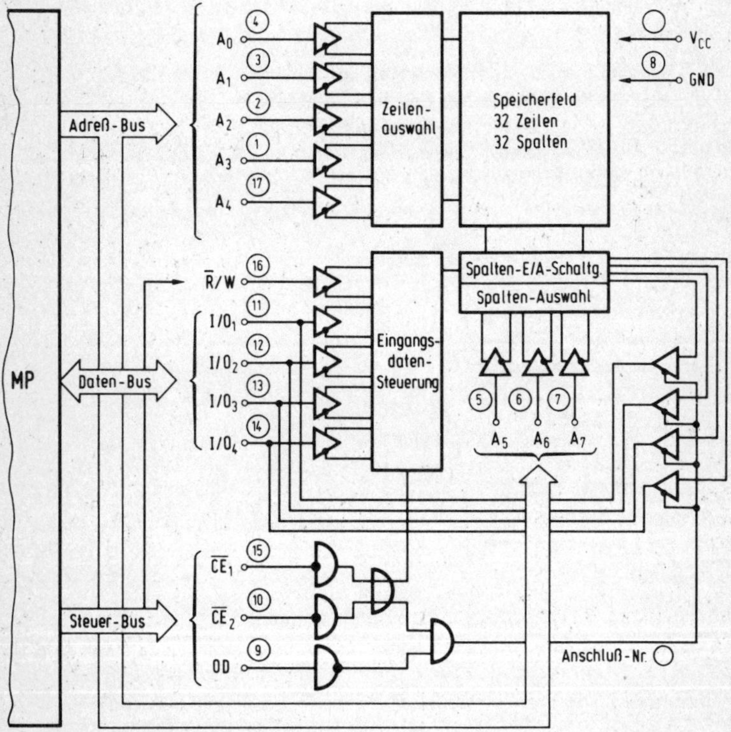

5.17 Anschaltung eines Speicherbausteins an das BUS-System eines Mikroprozessors

Wenn vom Mikroprozessor Daten aus dem Datenbus gelesen werden, heißt dies, daß die Information von den peripheren Bausteinen zum Mikroprozessor übertragen wird. Schreibt der Mikroprozessor Daten, werden diese vom Mikroprozessor zu den peripheren Bausteinen übertragen. Der Informationsfluß verläuft in diesem Fall vom Mikroprozessor zu den peripheren Bausteinen.

Die Sammelschiene des Adreßbusses ist vom Mikroprozessor zu den peripheren Bausteinen gerichtet (eine Richtung).

Nur der Mikroprozessor kann Adressen ausgeben (schreiben). Die peripheren Bausteine können keine Adressen zum Mikroprozessor übertragen (unidirektionaler Bus).

Der Mikroprozessor kann die Adreßausgänge ebenfalls in den Zustand "Hochimpedanz" schalten.

Der Steuerbus ist im Grunde nur eine Vielfachleitung ohne Tri-state-Funktion an den einzelnen Leitungen.

Aus Abb. 5.16 sind nochmals alle Busfunktionen und ihre Darstellungsformen ersichtlich.

Abschließend betrachten wir das Blockschaltbild eines Speicherbausteins (Typ 8111-2) in *Abb. 5.17*. Dieser Baustein wird als Arbeitsspeicher (RAM) für den Einsatz in Mikrocomputern angewendet.

Die Abbildung zeigt deutlich die Zusammenschaltung der Ein- und Ausgänge der Datenleitungen, die mit I/O1 bis I/O4 bezeichnet sind. Die Dateneingänge führen über Treiberstufen mit zwei Anschlüssen (L- und H-aktiv) an die Eingangs-Datensteuerung.

Die vier Datenausgänge — aus der Spalten-E/A-Schaltung kommend — führen über Treiberstufen mit Tri-state-Funktion an die gemeinsamen I/O-Datenbusleitungen.

Die Steuerleitungen der Treiberstufen für die Ausgänge werden gemeinsam über die Logikschaltungen von den Steuereingängen $\overline{CE1}$, $\overline{CE2}$ und OD beeinflußt. Aus der Zusammenschaltung der Logikbausteine ist ersichtlich, daß an den Steuereingängen $\overline{CE1}$, $\overline{CE2}$ und OD gleichzeitig ein Signal anliegen muß, damit über die Steuerleitungen die Treiberstufen für die Ausgänge aus dem Hochimpedanzzustand geschaltet werden können und der Baustein damit aktiviert ist. Ebenfalls aus dem Steuerbus werden über den Steuereingang $\overline{R}$/W die Ausgänge O bzw. die Eingänge I wahlweise in ihrer Funktion an- oder abgeschaltet.

Der Adreßbus selektiert über die Adreßeingänge A_0 bis A_7 (Zeilen- und Spaltenauswahl) die Speicherzellen im Speicherfeld.

5.5 Mikrocomputer-Schaltung

Die in *Abb. 5.18* dargestellte Mikrocomputer-Schaltung ist eine Kombination aus Stromlaufbahn und Übersichtsplan. (S. 160)

Die Schaltung arbeitet als Prüfsteuerung in einem Mehrrechnersystem (Multiprozessor-Steuerung), in der die einzelnen Mikrocomputer untereinander funktionelle Daten austauschen.

Dieser Datenaustausch wird von einer nicht dargestellten BUS-Steuerung koordiniert.

Die Prüfsteuerung ist mit einem „Ein-Chip-8 Bit-Mikroprozessor“ (8085) D6, der von einem 5,994 MHz-Quarz getaktet wird, bestückt.

Das Programm für die Funktionsabläufe ist in den EPROM's D31 . . . D34 enthalten, als Speicher für die flüchtigen Daten dienen der „RAM 1Kx8“ D21 und der „RAM 256x8-Bereich“ des D23.

Der Eingabe-Ausgabe-Baustein D23 stellt den Übergang von der Steuerung zum System-BUS für den Datenaustausch dar und hat außer dem RAM-Bereich je eine 8 Bit-Daten-Eingabe und -Ausgabe mit dazugehöriger Status-Ein-Ausgabe.

Mit dem Einschalten der Anlage bzw. dem Anlegen der Betriebsspannung an die Prüfsteuerung wird über die R3/C3-Kombination und den Schmitt-Trigger D3 ein Rückstellimpuls auf den Eingang R des Mikroprozessor-Bausteins D6 gegeben, der als Folge am Ausgang RES erscheint.

Mit diesem Signal werden die Speicher (z.B. D22) und der Eingabe-Ausgabe-Baustein D23 gelöscht. Die Kontroll-LEDs H1, H2, H3 leuchten.

Nach Ende des Rückstellimpulses beginnt der Mikroprozessor mit der Abarbeitung des Programms. Die ersten Programmschritte stellen den Eingabe-Ausgabe-Baustein D23 in Arbeits-Grund-Stellung. Bei der nun folgenden RAM-Prüfung werden alle RAM-Speicher-Adressen mit allen Hexadezimal-Kombinationen geladen, ausgelesen und verglichen.

Ist dieser Test positiv verlaufen, erlischt das Kontroll-LED H3. Mit dem folgenden Test wird der EPROM-Bereich geprüft, indem die Byte-Inhalte aller EPROM-Adressen addiert und mit dem zweier-Complement dieser Addition, die im Programm abgelegt ist, verglichen.

Ist das Ergebnis = 0, erlischt auch das Kontroll-LED H2. In diesem Zustand übernimmt der Mikroprozessor D6 das Signal vom Ausgang SOD und damit von der Vielfachleitung BBEL zur BUS-Steuerung.

Der Datenaustausch zwischen den verschiedenen Steuerungen erfolgt mittels BUS-Nachrichten.

Jede Nachricht hat eine Länge von 8 Bytes und ist wie folgt aufgebaut:

Byte 0 =	Ursprung der Nachricht
Byte 1 =	Ziel der Nachricht
Byte 2 =	Kennung der Nachricht
Byte 3 =	Steuerinformationen
Byte 4 =	Steuerinformationen
Byte 5 =	Steuerinformationen
Byte 6 =	Steuerinformationen
Byte 7 =	Inhalt der Nachricht

Bei einer Initialisicrungs-Nachricht enthält Byte 3 die relative Adresse, für die diese Nachricht bestimmt ist.

Der Austausch von BUS-Nachrichten wird von der BUS-Steuerung gesteuert und koordiniert.

Die BUS-Nachrichten werden vom Betriebsprogramm generiert und in den Ausgangs-Speicher übergeben. Dies ist ein Soft-Ware-FIFO, ein RAM-Speicher-Bereich, dessen Daten in der Reihenfolge des Einschreibens ausgelesen werden und der max. 10 abgehende BUS-Nachrichten speichern kann.

Das 1. Byte der 1. BUS-Nachricht wird in die Daten-Ausgabe des Eingabe-Ausgabe-Bausteins D23 übergeben, was die Ausgabe eines Status-Signals am Ausgang PC1 zur Folge hat.

Die BUS-Steuerung legt zyklisch Adress-Informationen an die Vielfach-Leitungen BAØ, BA1, BA2 und BA3. Stimmt die angelegte Adresse mit der in der Platine fest geschalteten Positions-Adresse KAØ, KA1, KA2 und KA3 der Steuerung überein, erscheint am Ausgang des D12 ein Signal, das den Datenwähler D17 umschaltet.

Über den umgeschalteten Datenwähler D17 gelangt das Status-Signal vom Ausgang PC1 des D23 auf die BFRA-Vielfachleitung zur BUS-Steuerung, die den Weiterlauf der Adressierung stoppt und mit den erforderlichen Zeitvorgaben zuerst die BUS-Treiber D24 und D25 in „Senderichtung" umschaltet. Mit dem nachfolgenden BTKT-Signal werden die Daten von den empfangenden Steuerungen übernommen, das gleiche Signal löscht über den Eingang PC2 am D23 die Nachricht in der Daten-Ausgabe PAØ . . . PA7 des gleichen Bausteins in der sendenden Prüfsteuerung. Der Ausgang PCØ meldet die Löschung der Daten-Ausgabe an den Eingang R5,5 des Mikroprozessors D6, der daraufhin das nächste Byte der BUS-Nachricht aus dem SW-FIFO in die Daten-Ausgabe des D23 überschreibt.

Das Vorhandensein dieser neuen Daten wird wieder als Status-Signal am Ausgang PC1 des D23 angezeigt und gelangt über die Vielfachleitung BFRA zur BUS-Steuerung, die nach Freiwerden der Daten-Eingaben in den empfangenden Steuerungen den Datenaustausch des neuen Bytes veranlaßt.

Sind alle 8 Bytes einer Nachricht ausgetauscht, wird nach Löschung dieser Bytes durch BTKT in der Daten-Ausgabe der sendenden Prüfsteuerung kein weiteres Byte eingeschrieben, das Signal BFRA verschwindet, die Adressierung der Steuerungen durch die BUS-Steuerung wird wieder aufgenommen.

Gleichzeitig mit der Übergabe der BUS-Nachricht in den Ausgangs-Speicher (SW-FIFO) wird die Nachricht auch in den eigenen Eingangs-Speicher (ebenfalls ein SW-FIFO) geschrieben, der im Zuge des Betriebsprogramm-Ablaufs wieder ausgelesen wird. Dadurch ist es möglich, Daten zwischen SW-Steuerungen, die in der gleichen Hard-Ware-Steuerung untergebracht sind, auszutauschen. Die Entscheidung, wer der richtige Empfänger für eine Nachricht ist, wird anhand der Zeileninformation in Byte 1 der Nachricht gefällt.

Während der Aussendung eines jeden Nachrichten-Bytes wird das Kontroll-LED H2 eingeschaltet, da der Vorgang jedoch in Mikrosekunden abläuft, ist nur ein mehrmaliges Aufblitzen der LED zu erkennen.

Wie zuvor beschrieben, legt die Prüfsteuerung bei Vorhandensein einer BUS-Nachricht in der Daten-Ausgabe des D23, nach Erhalt des BSND-Signals aus der BUS-Steuerung, die Daten mit Hilfe der BUS-Treiber D24 und D25 an das Daten-Vielfach DØ . . . D7 und damit bei allen nicht adressierten Steuerungen über die in Ruhelage befindlichen BUS-Treiber an die Daten-Eingabe PBØ . . . PB7 des Eingabe-Ausgabe-Bausteins D23.

Mit Hilfe des von der BUS-Steuerung an den Eingang PC5 des D23 gelegten BTKT-Signals werden die Daten vom Eingabe-Ausgabe-Baustein D23 übernommen, worauf das Status-Signal PC4 des D23 den Belegt-Zustand der Daten-Eingabe mit dem Signal BBEL an die BUS-Steuerung meldet.

Gleichzeitig wird dieser Zustand durch das Status-Signal PC3 an den Eingang R6,5 des Mikroprozessors D6 gelegt, der daraufhin sein gerade laufendes Programm zum nächstmöglichen Zeitpunkt unterbricht und den Inhalt der Daten-Eingabe in den Eingangs-Speicher überträgt.

Die Status-Signale PC3 und PC4 verschwinden, das BBEL-Signal wird aufgehoben. Die Prüfsteuerung ist zur Aufnahme des nächsten BUS-Nachrichten-Bytes bereit, das dann wiederum über die Daten-Eingabe in den Eingangs-Speicher übertragen wird.

Dieser Eingangs-Speicher, ein SW-FIFO, kann max. 10 BUS-Nachrichten speichern und wird im Rahmen des Betriebsprogramms abgearbeitet.

Während der Aufnahme eines jeden Nachrichten-Bytes wird das Kontroll-LED H3 eingeschaltet, da der Vorgang jedoch in Mikrosekunden abläuft, ist nur ein mehrmaliges Aufblitzen des LEDs zu erkennen. Beim Empfang von Initialisierungs-BUS-Nachrichten blitzen die Kontroll-LEDs H1 und H3 auf.

Die Prüfsteuerung erlaubt die Überwachung aller BUS-Nachrichten und kann aufgrund entsprechender Eingaben BUS-Nachrichten zu allen Steuerungen generieren.

Zum Anschluß eines Eingabe-Ausgabe-Gerätes (Bildschirm oder Drucker mit Tastatur) ist eine V24-Schnittstelle für asynchronen Betrieb vorhanden.

Die Prüfsteuerung hat eine RESET-Taste. Die Adressierung und das BBEL-Signal sind nur wirksam, wenn über die Prüfsteuerung durch entsprechende Befehle aktiv in den Datenaustausch eingegriffen werden soll. Diese Umschaltung erfolgt über das Relais K1, das durch einen Befehl aus dem Register D22 eingeschaltet wird. Ist das Relais in Ruhelage, kann der Datenaustausch der anderen Steuerungen mitgelesen werden.

Die Anzeige kann über einen Bildschirm oder einen Drucker erfolgen. Entsprechend der Art der Anzeigerichtung kann die Übermittlung der Daten mit einer Geschwindigkeit von 110 Bd, 300 Bd oder 2400 Bd erfolgen, zur Umschaltung sind 2 Schiebeschalter S2, S3, auf der Platine vorhanden. Als Haupt-Steuerelemente dienen der Zeitgeber D39, der während der Initialisierung der Prüfsteuerung mit den Grund-Daten über die Baud-Raten geladen wurde, und der USART D41. Der Zeitgeber steuert entsprechend der eingegebenen Baud-Raten, getaktet durch den Taktausgang CLK des Mikroprozessors D6, den USART D41, der die vom internen Daten-BUS übernommenen Parallel-Daten in serielle Daten umsetzt und ankommende serielle Daten in Parallel-Daten umwandelt.

Aufgaben der Schnittstellen-Anschlüsse:

V	24	Ausgangsdaten
V	24	Eingangsdaten
RV	24	Signalrückleitung (Ground)
DTR		Quittung für Asynchron-Betrieb.

Wird eine Eingabe-Tastatur mit ASCII-Code-Ausgabe an die Prüfsteuerung angeschaltet, können durch entsprechende Befehle die Daten bei der Inbetriebnahme der Anlage eingegeben werden.

6 Schaltungen in Übersichtsplänen dargestellt

Für den Einstieg und die schnelle Orientierung in elektronischen Schaltungsunterlagen ist ein Übersichtsplan oder Blockschemata eine nutzbare Arbeitshilfe.

Die wesentlichsten Inhalte und Merkmale von Übersichtsplänen sollen anhand einiger Beispiele der bisher besprochenen Schaltungen erläutert und geübt werden.

Bereits die Schaltung nach Abb. 1.1 läßt sich mit ihren Funktionsgruppen als Blockschemata darstellen (vgl. *Abb. 6.1*).

Im wesentlichen handelt es sich hier um drei Funktionsgruppen, die einzeln herausgestellt werden:

a) der Wienbrückengenerator,
b) der Sinus-Rechteck-Umformer,
c) der Ausgangsteiler mit Netzwerk.

Anhand dieses Übersichtsplanes ist es sofort möglich, das Funktionsprinzip und die Signalwege in ihrem wesentlichsten Umfang zu überblicken.

Außer den Symbolen für die Funktionseinheiten sind noch die Zuordnungen der von außen bedienbaren Funktionen dargestellt.

Dies sind bei dem Sinusgenerator die Bedienungselemente für stufige und stetige Frequenzeinstellung und bei dem Ausgangsabschwächer die Bedienungselemente für stetige und stufige Amplitudenabschwächung.

Außerdem ist bei diesem Übersichtsplan auch noch die Funktion der Signalwege dargestellt.

Somit sind alle wesentlichen Funktionen erfaßt und in ihrer Wirkungsweise den entsprechenden Schaltungsgruppen zugeordnet.

In der Darstellung von Übersichtsplänen und Blockschematas ist man an keine Normvorgaben gebunden.

Wichtigster Grundgedanke muß sein, das wesentlichste so deutlich wie möglich darzustellen, d.h. die einprägsame Über-

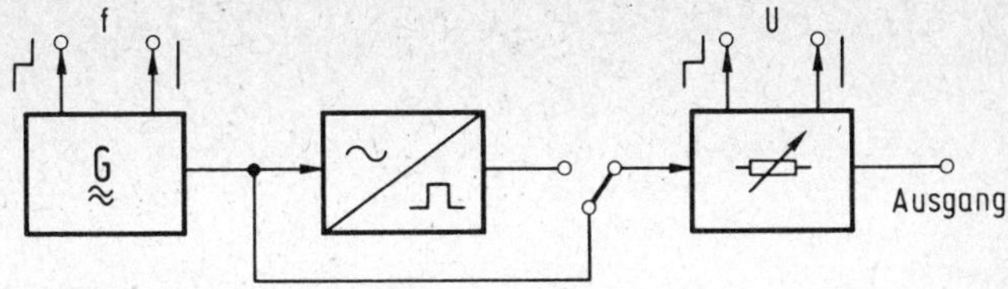

6.1 Übersichtsplan der Schaltung nach Abb. 1.1

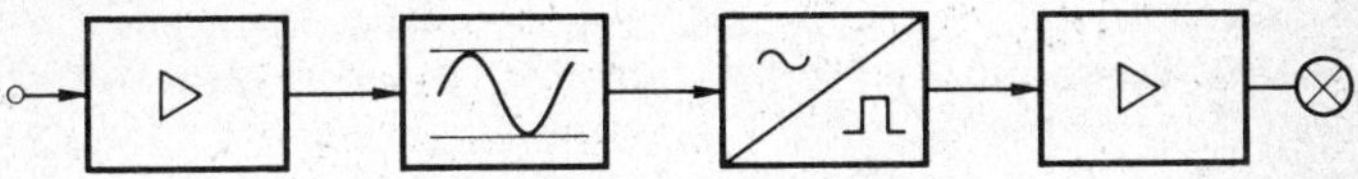

6.2 Übersichtsplan der Schaltung nach Abb. 1.2

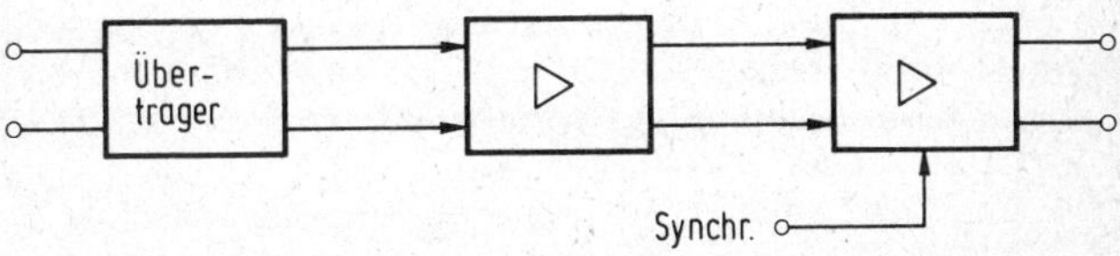

6.3 Übersichtsplan der Schaltung nach Abb. 2.4

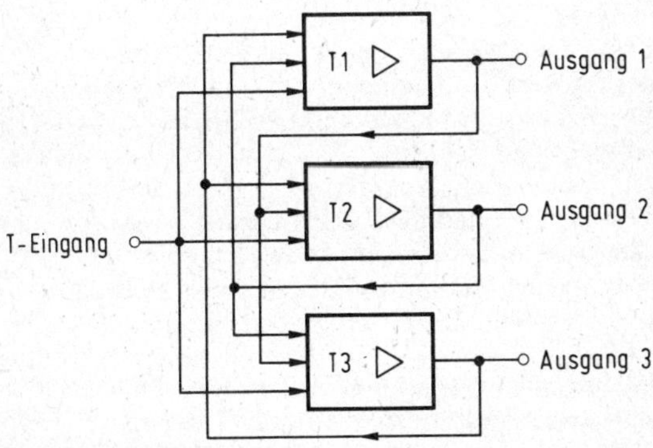

6.4 Übersichtsplan der Schaltung nach Abb. 2.6

sicht darf nicht durch zuviele Details erschwert, bzw. verloren gehen. Der Sinn dieser Darstellungsform wäre dadurch in Frage gestellt.

Als weiteres Beispiel soll der Stromlaufplan in Abb. 1.2 als Blockschemata dargestellt werden (vgl. *Abb. 6.2*). Von der linken Seite aus gesehen, das erste Kästchen, stellt den selektiven Verstärker dar. An zweiter Stelle folgt die Impulsformerschaltung. Daran folgt der Funktion entsprechend der Schmitt-Trigger. Am Ausgang dieser Schaltung befindet sich dann noch die Leistungsstufe zur Versorgung der Lampe.

Auch Differenzverstärker können in einer übersichtlichen Form in ihrem Funktionsprinzip dargestellt werden. Man sieht dann vor allem sofort, ob die Ansteuerung symmetrisch ist und ob sie im Verlauf der Verstärkung symmetrisch bleibt. In *Abb. 6.3* ist als Beispiel der Differenzverstärker aus Abb. 2.4 dargestellt. Außer Eingang und Ausgang wurde der Synchroneingang mit seiner Wirkung auf die zweite Stufe dargestellt.

Übersichtspläne für Impuls- und Digitalschaltungen sind ebenfalls bestens dazu geeignet, das Funktionsprinzip und die Kopplung der Stufen und Funktionseinheiten untereinander eindeutig hervorzuheben.

Die Umsetzung der Abb. 2.6 in einen Übersichtsplan nach *Abb. 6.4* zeigt besonders deutlich die Vorteile dieser Funktionsdarstellung auf.

Stehen als Schaltungsunterlagen nur der Stromlaufplan zur Verfügung, d.h. es ist auch keine Funktionsbeschreibung vorhanden, dann ist man sozusagen gezwungen, die Kopplungsarten der einzelnen Stufen untereinander zu ergründen. Dies kann, aufgrund von Unsicherheiten im Schaltungslesen oder mangelnder Konzentration, zu langwierigen und sogar falschen Schaltungsanalysen führen.

Mit der Darstellung in *Abb. 6.4* wird die Verkopplung der einzelnen Stufen klar definiert. Der Ausgang jeder Stufe ist mit je einem Eingang der anderen zwei Stufen verbunden.

Die Takteingänge sind in Abb. 6.4 in direkter Verbindung zueinander dargestellt. Diese Art der Darstellung ist in Übersichtsplänen üblich. Bauelemente, wie in diesem Beispiel die Entkopplungsdioden G2, müssen hierbei nicht berücksichtigt werden, da sie am Funktionsprinzip nichts ändern.

Die Hf-Schaltung aus Abb. 3.8 läßt sich entsprechend *Abb. 6.5* darstellen.

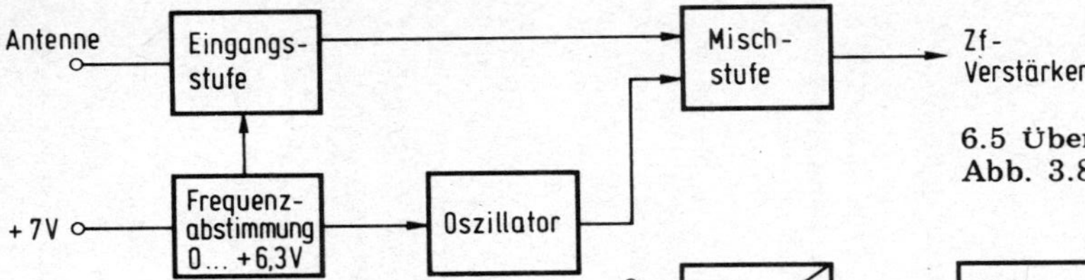

6.5 Übersichtsplan der Schaltung nach Abb. 3.8

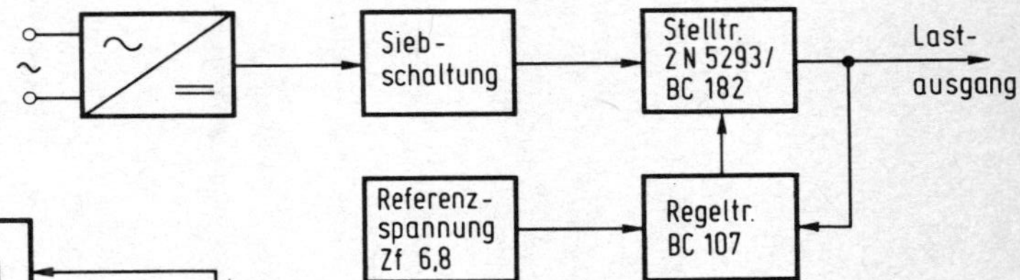

6.6 Übersichtsplan der Schaltung nach Abb. 4.4

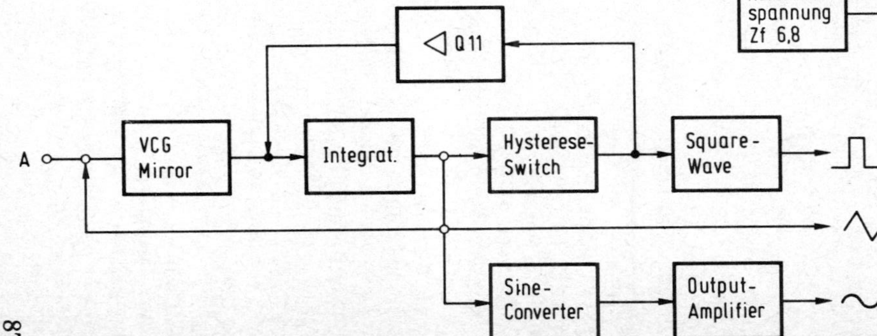

6.7 Übersichtsplan der Schaltung nach Abb. 4.6

Bei dieser Schaltung kommt es unter anderem auch darauf an, die Frequenzabstimmung des Eingangskreises und des Oszillators mit hervorzuheben, bzw. diese Funktion deutlich zu machen.

Bei der Darstellung von elektronisch stabilisierten Netzteilen kommt es darauf an, das Funktionsprinzip des geschlossenen Regelkreises sichtbar zu machen (*Abb. 6.6*). Bei der Schaltung nach Abb. 4.4 wird außer der Gleichrichter- und Siebschaltung die elektronische Regelung in drei Blöcken dargestellt.

Es sind dies grundsätzlich die Schaltungen zur Erzeugung der Referenzspannung für den Soll-Ist-Vergleich, die Regelschaltung und der Leistungstransistor als Stellglied.

Ob es sich hierbei um ein- oder mehrstufige Schaltungseinheiten handelt, ist für die Prinzipdarstellung ohne Bedeutung.

Auch die Art des Anschlusses an die Versorgungsspannungen und die Anzahl der Arbeitswiderstände sind bei dieser Darstellung ohne Bedeutung.

Der Funktionsgenerator nach Abb. 4.6 wird zur Erstellung eines Blockschematas in *Abb. 6.7*, mit allen wesentlichen Funktionsstufen und Gegen- bzw. Mitkopplungen über mehrere Funktionseinheiten dargestellt. Die funktionsbestimmenden Gegen- oder Mitkopplungen innerhalb einer Schaltungseinheit werden nicht berücksichtigt, z.B. die Rückkopplung des Integrators oder des Schmitt-Triggers (HYSTERESIS-SWITCH).

Abschließend soll anhand des Beispiels nach Abb. 5.4 gezeigt werden, daß auch bei Schaltungen mit integrierten Bausteinen eine Zusammenfassung der Funktionsprinzipien sinnvoll erscheint, um damit die wichtigsten Wirkungsmerkmale entsprechend herausstellen zu können.

Die Entprellschaltung für den Eingang "vh" wird entsprechend ihres Aufbaus als RS-Flipflop dargestellt *(Abb. 6.8)*.

Die vier Ausgänge des Binarzählers 7493 werden mit einer Verbindung dargestellt – wie dies bei Übersichtsplänen üblich ist – und durch das Symbol für ein Vielfach gekennzeichnet. Die gleiche Anordnung wird für die Dezimalausgänge des Dual-Dezimal-Decoders gewählt.

Die Rückstellogik, bestehend aus drei NAND-Gattern und fünf Negatoren wird ebenfalls zu einem Block zusammengefaßt.

Die Verknüpfungsschaltung,an der das Rücksetzsignal vom Ausgang des Binarzählers und vom Takteingang anliegen, kann

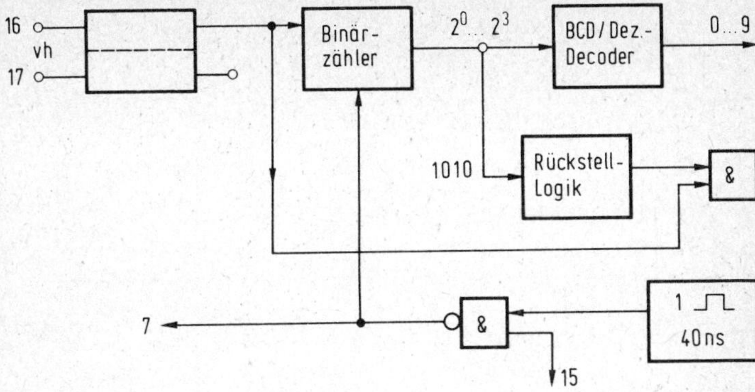

6.8 Übersichtsplan der Schaltung nach Abb. 5.4

man als UND-Gatter im Übersichtsplan darstellen, da der auf das NAND-Gatter folgende Negator die Negation aufhebt.

Das Monoflop wird mit seinem Symbol dargestellt. Der Ausgang des Monoflop führt an eine NAND-Verknüpfung, die ebenfalls mit ihrem Symbol dargestellt wird. Die Parallelschaltung von zwei NAND-Gattern hat lediglich die Aufgabe die Leistungseinheiten (Fan out) des Rücksetzausganges zu erhöhen.

Zusammenfassend ist festzustellen, daß Übersichtspläne oder Blockschematas als Vorinformation für Stromlaufpläne wesentliche Orientierungshinweise über das Zusammenwirken und die Arten der Verkopplungen der einzelnen Schaltungseinheiten in ihrem Funktionsprinzip geben.

Auch Computer- und Mikroprozessorsysteme lassen sich in ihren Funktionseinheiten zusammengefaßt in einem Übersichtsplan darstellen.

Der in Abb. 5.15 dargestellte Mikroprozessor ist in einem typischen Blockschema für ein Computersystem in *Abb. 6.9* dargestellt.

Die drei Einzelbausteine SAB 8080, BUS-Treiber und Systemsteuerung sowie Taktgeber aus Abb. 5.5 sind in der Abb. 6.9 in einem Baustein, der als Zentraleinheit (CPU) bezeichnet wird, zusammengefaßt.

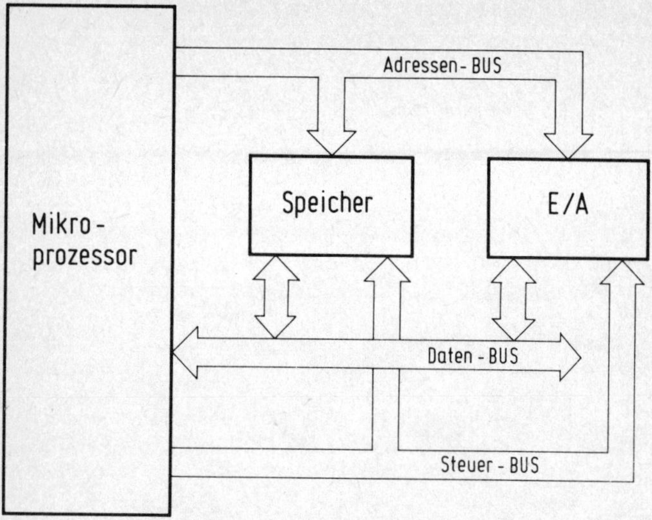

6.9 Übersichtsplan der Schaltung nach Abb. 5.15

Dazu kommt die vereinfachte Darstellung der Leitungsvielfache für den Datenbus, der aus 8 Leitungen besteht, auf denen die Daten zwischen Zentraleinheit und Speicher, bzw. Ein-Ausgabe-Einheiten in beiden Richtungen (Doppelweg) übertragen werden.

Der Adressbus ist vereinfacht für 16 Leitungen dargestellt, über die die Zentraleinheit einen bestimmten Speicherplatz oder einen Eingang-Ausgang-Baustein kennzeichnet (Einweg in Pfeilrichtung). Der Steuerbus ist für Leitungen dargestellt, die über den Zustand der Zentraleinheit Aufschluß geben (Einweg in Pfeilrichtung).

Erweitert wurde das Blockschema in Abb. 6.9 durch zwei periphere Bausteine, die in Abb. 5.15 nicht enthalten sind. Dies ist eine Speichereinheit, die für einen Festspeicher (ROM) und einen Schreib-Lese-Speicher (RAM) für die Programm- und Datenspeicherung dargestellt ist.

Des weiteren einen Funktionsblock für Ein-Ausgabe-Bausteine. Dieser enthält Schaltungen, die es der Zentraleinheit ermöglichen, mit peripheren Funktionseinheiten oder Geräten zu verkehren, z. B. Tastaturen, Floppy-Disks, Lochstreifen, Bildschirmgeräten usw. Durch die BUS-Leitungen werden diese Systeme miteinander verbunden.
Die Abb. 5.16 ist eine Mischung zwischen Schaltbild und Blockschema.

Übungen
Versuchen Sie für alle in diesem Büchlein vorkommenden und noch nicht umgesetzten Schaltungen die Übersichtspläne zu entwickeln.

7 Schaltungsunterlagen in der Praxis anwenden

Zu den elektronischen Geräten und Anlagen gehören im wesentlichen die in *Abb. 7.1* dargestellten Unterlagen, die es ermöglichen, die Bedienung, die Leistungsfähigkeit, die Schaltungsfunktionen, den mechanischen Aufbau und die verwendeten Bauelemente zu identifizieren, bzw. beurteilen zu können. Im Idealfall gehören dazu folgende Zeichnungs- und Textunterlagen:

a) Geräteabbildungen und dazu gehörend Bedienungsanleitungen sowie Technische Daten.

b) Übersichtspläne und Systembeschreibungen sowie Kennwerte.

c) Stromlaufpläne und falls erforderlich die Explosionszeichnungen von mechanischen Vorrichtungen (z.B. Antriebe, Schreibwerke, Tastatur) und die dazu gehörenden Schaltungs- und Funktionsbeschreibungen sowie Abgleich- und Testanweisungen.

d) Referenz- und Belegungspläne sowie der mechanische Aufbau und dazu die Material- und Stücklisten.

Wozu werden diese Unterlagen im einzelnen benötigt und wie werden sie eingesetzt?

Der Umfang der Unterlagen ist im wesentlichen von der Größe des Gerätes und dem Aufbau abhängig. Für kleinere, technisch standardisierte Geräte werden nicht in dem Umfang Unterlagen benötigt, wie z.B. für kommerzielle Produkte mit neuen Technologien und Funktionsabläufen.

Geräteabbildungen, Bedienungsanleitungen und technische Daten liegen allen Geräten bei, unabhängig davon, ob sie groß oder klein, einfach oder kompliziert im Aufbau sind. Nach VDE sind diese Unterlagen Bestandteil eines Gerätes. Mit Hilfe der Gerätabbildung und der Bedienungsanleitung kann sich der Anwender über die sachgerechte Bedienung informieren und aus den Technischen Daten die Leistungsmerkmale und die Leistungsfähigkeit ersehen.

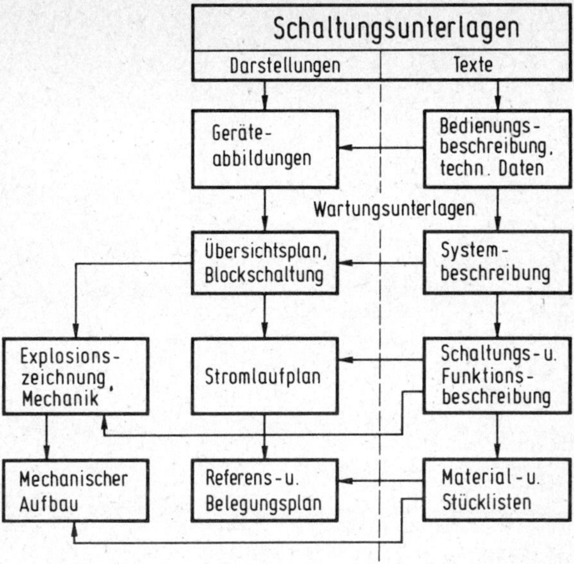

7.1 Übersichtschemata über Schaltungsunterlagen

Der Übersichtsplan und die Systembeschreibung dient zur Information über das Funktionsprinzip und den Betriebsablauf (vgl. dazu Abschnitt 6).

Diese Unterlagen sind nicht allen Geräten beigefügt. In der Regel nur bei kommerziellen Geräten der Industrieelektronik (Meß- und Steuergeräte) in Form eines Wartungshandbuches (engl.: Manual).

Serienmäßigen Standardgeräten, wie z.B. Rundfunk- und Fernsehgeräte, Tonbandgeräte und Nf-Verstärker, liegen in der Regel diese Unterlagen nicht bei.

Unerläßliche Bestandteile der Unterlagen sind die Stromlaufpläne und wenn erforderlich die Explosionszeichnungen für mechanische Funktionseinheiten.

Hier gilt wieder, daß bei standardisierten Geräten, die Stromlaufpläne und Explosionszeichnungen ohne Schaltungs- und Funktionsbeschreibung beigefügt sind und nur bei Geräten der kommerziellen Elektronik dazu auch entsprechende Beschrei-

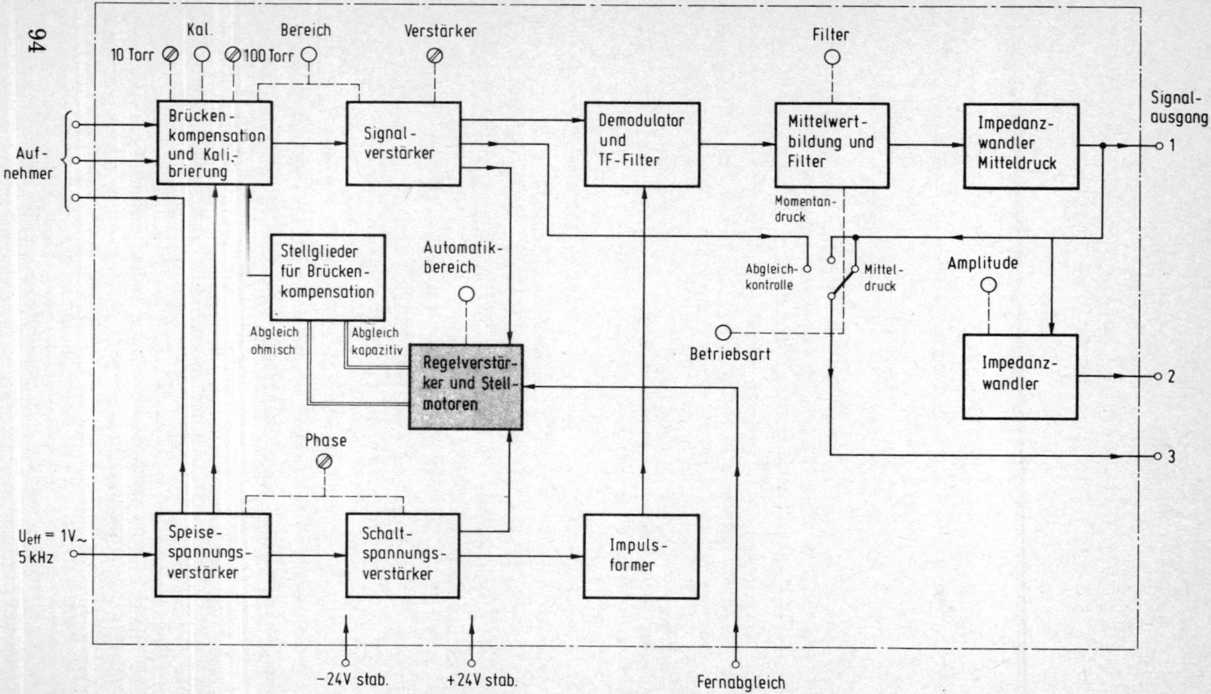

7.2 Blockschemata eines Druckvorverstärkers

bungen in Form der Wartungs-Handbücher und -Mappen mitgeliefert werden.

Dies ist nicht immer der Fall, aber dem schaltungskundigen Fachmann genügen meistens die Stromlaufpläne um daraus die Schaltungsfunktionen zu erkennen, vor allem dann, wenn er die ersten Abschnitte dieses Büchleins aufmerksam gelesen hat. Referenz- und Belegungspläne sowie die Darstellung des mechanischen Aufbaus sind Unterlagen, die für das Auffinden bestimmter mechanischer und elektrischer Teile und Bauelemente unerläßlich sind. Daher sind sie ebenfalls ein fester Bestandteil der Wartungsunterlagen.

Aus der Darstellung des mechanischen Aufbaus geht die Anordnung der Baugruppen (z.B. Netztransformator, Schalter, Platinen, Abschirmungen) hervor.

Die Referenzpläne zeigen die Anordnung der Bauelemente auf denbestückten Platinen, entsprechend der Bezeichnung in den Stromlaufplänen.

Der Belegungsplan ist vor allem bei Geräten und Anlagen mit mehreren Baugruppen erforderlich, die durch Verbindungsleitungen, geführt in Kabelbäumen, miteinander verbunden sind. Aus dem Belegungsplan sind die Verbindungsanschlüsse der Baugruppen untereinander ersichtlich. Material- und Stücklisten sind für die Ersatzteilbeschaffung wichtig. Aus diesen Listen sind außer den herstellerspezifischen Lager- und Bestellnummern auch die Kennwerte ersichtlich. Dies können sein, Bauelementewerte, Toleranzen, Leistungsangaben, Hersteller, Typ und sonstige Kennwerte. Wie diese Pläne sich in der Praxis darstellen und wie man mit Hilfe dieser Pläne arbeitet, soll folgendes Beispiel zeigen.

Die *Abb. 7.2* zeigt das vollständige Blockschema eines Druckvorverstärkers.

Aus dieser Funktionsübersicht ist zu ersehen, daß dieser Verstärker nach dem Trägerfrequenz-Meßverfahren arbeitet. Die hierfür erforderliche Trägerfrequenz von 5 KHz wird extern zugeführt.

Diese Trägerfrequenz wird zunächst in einem Speisespannungsverstärker verstärkt und über einen Übertrager mit mehreren Abgriffen zur Versorgung des Druckaufnehmers, der Brükkenkompensation und des Schaltspannungsverstärkers abgenommen. Im Schaltspannungsverstärker wird das 5-KHz-Signal nochmals verstärkt, so daß eine ausreichende Steuerspannung

Stromlaufplanes ist es erst möglich, die für diesen Abgleich erforderlichen Bauelemente (Trimmpotis) aufgrund ihrer Funktion zu bestimmen.

Als nächster Schritt muß jetzt die Lage dieser Bauelemente auf der Leiterplatte "Regelverstärker" festgestellt werden.

Dazu dient der Referenzplan dieser Leiterplatte entsprechend *Abb. 7.4* in dem die Bauelemente in ihrer Lage zu sehen sind.

Die Bauelemente sind im Stromlaufplan mit Referenznummern versehen, z.B. R145 oder C63. Diese Bezeichnungen findet man auf den Referenzplänen wieder, so daß das entsprechende Bauelement in der auf diesen Plänen angegebenen Lage auf der Leiterplatte wiedergefunden werden kann. Da im Referenzplan auch die Leiterbahnen zu ersehen sind, ist die Bestimmung von Verbindungspunkten ebenfalls möglich (z.B. für Meßpunkte). Dieser Referenzplan zeigt die Bauelemente in ihrer Bauform. Es gibt auch Referenzpläne – und dies in der Mehrzahl – in der die Symbole der Bauelemente eingezeichnet sind.

Wiederum andere Hersteller legen sich da überhaupt nicht fest und wenden beide Varianten an.

Zur Messung von Eingangs- und Ausgangswerten des Regelverstärkers benötigt man die Kontaktbelegung der steckbaren Leiterplatte.

Dazu ist der Belegungsplan erforderlich, sofern man die mühsame und zeitraubende Sucherei von Leiterbahn zu Leiterbahn auf der Leiterplatte vermeiden will.

Auf dem Belegungsplan sind in der Regel die Anschlußverbindungen aller Baugruppen eingezeichnet. Dazu gehören z.B. Potentiometer (Frontplatte), Schalter, Steckerleisten der Leiterplatten und des Einschubes, Lötstützpunkte und in diesem Fall die Motorenanschlüsse.

Damit man auf dem Belegungsplan aus der Vielzahl der Baugruppen die richtige sofort selektieren kann, sind entsprechende Kennzeichnungen vorhanden.

Auf dem Stromlaufplan in Abb. 7.3 befindet sich auf der oberen Abgrenzungslinie ein T in einem Kreis. Unter diesem Symbol findet man im Belegungsplan (vgl. *Abb. 7.5*) die zu dieser Leiterplatte gehörende Steckerleiste mit den entsprechenden Verbindungsanschlüssen.

Den Verstärkereingang z.B. als Meßpunkt findet man dann wie folgt: Auf dem Stromlaufplan in Abb. 7.3 verfolgt man den

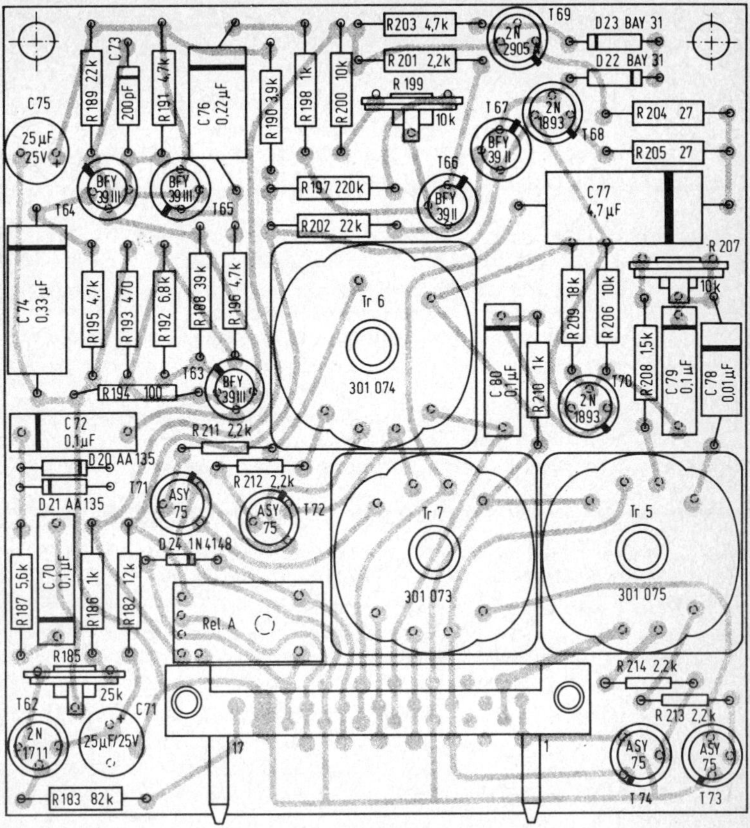

7.4 Referenzplan der Leiterplatte des Regelverstärkers aus Abb. 7.3

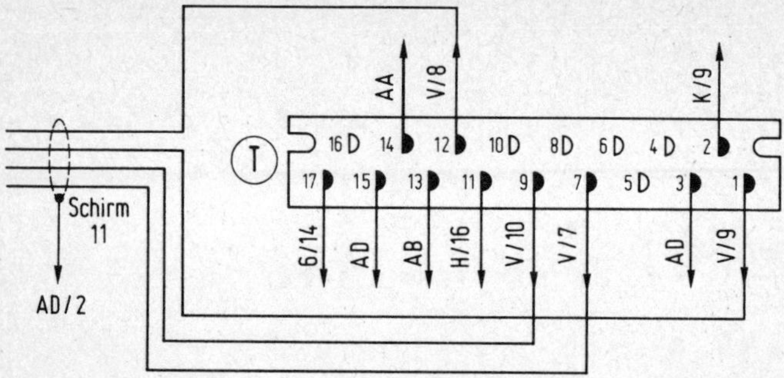

7.5 Belegungsplan des Verbindungssteckers der Schaltung nach Abb. 7.3

Verstärkereingang bis zur Abgrenzungslinie des Regelverstärkers. Die daran aufgeführte Zahl ist die Kontaktnummerierung, die man dann aufgrund der Anordnung im Belegungsplan auf der Steckerleiste leicht auffindet.

Notwendige Ersatzteile kann man aufgrund der nachfolgend wiedergegebenen Teileliste auffinden und beschaffen.

Beispiel einer Teileliste zur Schaltung in Abb. 7.3

Ref. Bez.	Benennung u. Kennwerte					firmenspezifische Bestellnr.
C60	Kondensator		0,1 μF	± 10 %	250 V	903 198
C61	”	(Elyt)	25 μF	−10..+100%	25V	903 193
C62	”		0,1 μF	± 10 %	250 V	903 198
C63	”		200 pF	± 1 %	500 V	903 185
C64	”		0,33 μF	± 10 %	160 V	903 201
C65	”		0,22 μF	± 10 %	125 V	903 197
C66	”	(Elyt)	25 μF	−10..+100%	25 V	903 193
C67	”		4,7 μF	± 20 %	63 V	903 218
C68	”		0,01 μF	± 1 %	100 V	903 176
C69	”		0,1 μF	± 10 %	250 V	903 198
D 9	Diode		1N4148			904 610
D10	Diode		2AA135			904 549
D11	Diode		2AA135			904 549
D12	Diode		BAY31			904 536
D13	Diode		BAY31			904 536

Ref. Bez.	Benennung u. Kennwerte				firmenspezifische Bestellnr.
M1	Stellmotor				918 061
M2	”				”
R8	Potentiometer	20 k (m. Antrieb)			301 405
R21	”	” ” ”			”
R145	Widerstand	82 kΩ	± 10 %	0,25 W	921 279
R164	”	12 kΩ	± 10 %	0,5 W	921 222
R147	Trimmpoti	25 kΩ	linear	0,15 W	909 159
R148	Widerstand	1 kΩ	± 5 %	0,25 W	921 135
R149	”	5,6 kΩ	± 10 %	0,5 W	921 008
R150	”	39 kΩ	± 2 %	0,25 W	921 242
R151	”	6,8 kΩ	± 2 %	0,25 W	921 410
R152	”	22 kΩ	± 1 %	0,2 W	921 379
R153	”	470 Ω	± 2 %	0,25 W	921 119
R154	”	3,9 kΩ	± 5 %	0,5 W	921 210
R155	”	4,7 kΩ	± 5 %	0,25 W	921 300
R156	” (NTC)	100 Ω	± 5 %	0,25 W	910 016
R157	”	4,7 Ω	± 5 %	0,25 W	921 300
R158	”	4,7 Ω	± 5 %	0,25 W	921 300
R159	”	220 kΩ	± 1 %	0,2 W	921 325
R160	”	1 kΩ	± 5 %	0,25 W	921 135
R161	Trimmpoti	10 kΩ	linear	0,15 W	909 143
R162	Widerstand	10 kΩ	± 2 %	0,25 W	921 133
R163	”	22 kΩ	± 1 %	0,2 W	921 379
R164	”	2,2 kΩ	± 2 %	0,25 W	921 101
R165	”	4,7 kΩ	± 5 %	0,25 W	921 300
R166	”	27 Ω	± 10 %	0,5 W	921 289
R167	”	27 Ω	± 10 %	0,5 W	921 289
R168	Trimmpoti	10 kΩ	linear	0,15 W	909 143
R169	Widerstand	1,5 Ω	± 10 %	0,25 W	921 049
R170	”	10 kΩ	± 2 %	0,25 W	921 133
R171	”	18 kΩ	± 5 %	0,25 W	921 240
R172	”	1 kΩ	± 5 %	0,25 W	921 135
R173	”	2,2 kΩ	± 2 %	0,25 W	921 101
R174	”	2,2 kΩ	± 2 %	0,25 W	921 101
R175	Widerstand	2,2 kΩ	± 2 %	0,25 W	921 101
R176	”	2,2 kΩ	± 2 %	0,25 W	921 101
Rel.A	Reedrelais	24 V			914 170

Ref. Bez.	Benennung u. Kennwerte		firmenspezifische Bestellnr.
T29	Transistor	2 N 1711	904 538
T30 bis T32	”	BFY 39 III	904 551
T33	”	BFY 39 II	904 564
T34	”	BFY 39 II	904 564
T35	”	2 N 1893	904 548
T36	”	2 N 2905	904 629
T37	”	2 N 1711	904 538
T38 bis T41	”	ASY 75	904 684
Tr6	Übertrager		301 075
Tr7	”		301 074
Tr8	”		301 073
T	Leiterplatte	Regelverstärker bestückt	301 401
T	”	” unbestückt	417 083

In der Spalte Ref.-Bez. der Teileliste sind als erstes die im Stromlaufplan und dem Referenzplan enthaltenen Referenznummern der Bauteile enthalten. Dann folgt die Bauteilbezeichnung sowie der Wert des Bauteils, bzw. die Typenbezeichnung. Dann folgen weitere elektrische Kennwerte, die über die weiteren Spezifikationen etwas aussagen. Dies ist vor allem dann von Bedeutung, wenn man die Bauteile nicht bei der Herstellerfirma unter der Bestellnummer disponieren will, sondern aus eigenen Beständen oder bei anderen Lieferanten beschafft. Dies ist allerdings nur bei Kondensatoren, Widerständen und Halbleiterbauelementen möglich. Bauelemente, wie z.B. Übertrager und Leiterplatten, müssen direkt von der Herstellerfirma des betreffenden Gerätes unter der Bestellnummer bestellt werden.

Für die mechanischen Bauelemente, wie z.B. Tasten, Antriebe und Skalen werden die für den Ausbau und die Wartung erforderlichen Arbeitsvorgänge durch Explosionszeichnungen (vgl. *Abb. 7.6*) und den dazu erforderlichen Anweisungen erläutert. Das Auswechseln, z.B. eines Tastenschiebers, erfolgt anhand der Abb. 7.6.

Die *Abb. 7.6a* zeigt einen Tastenschieber für Einzelrastung mit den für den Ausbau erforderlichen mechanischen Vorgän-

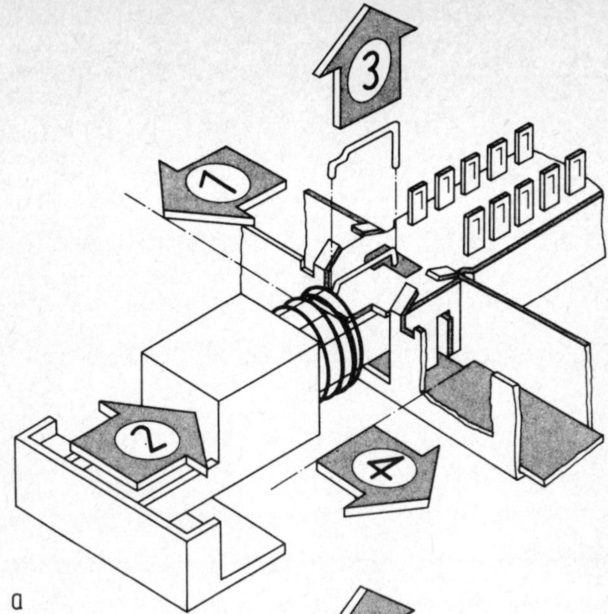

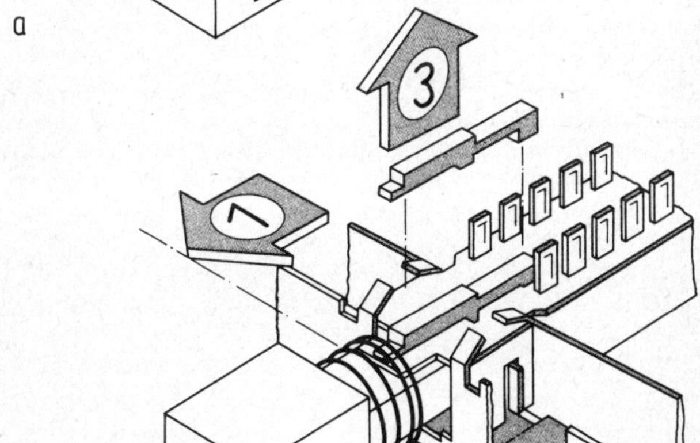

7.6 Explosionszeichnung eines Tastenschiebers

gen. In *Abb. 7.6b* ist der Vorgang für einen Tastenschieber für gegenseitige Auslösung dargestellt.

Die Reihenfolge der einzelnen Zahlen gibt die Arbeitsgänge wie folgt an:

1. Feder gegen die Tastenkappe drücken
2. Taste leicht andrücken (Sicherheitsbügel löst sich)
3. Sicherungsbügel abnehmen
4. Bei den Tasten für gegenseitige Auslösung (7.6b) noch die Sperrschiene zur Seite drücken (eine 2. Taste drücken). Der Tastenschieber wird frei und kann herausgenommen werden.

Beim Einbau ist umgekehrt zu verfahren.

8 Bezeichnungs- und Orientierungssysteme gebräuchlicher Industrieunterlagen

In- und ausländische Elektronikindustrien wenden die unterschiedlichsten Bezeichnungs- und Orientierungssysteme in ihren Schaltungsunterlagen an.

Zum Teil werden hierbei die DIN-Normen und internationale Normen eingehalten und angewendet. Vielfach werden diese Normen mit Hausnormen vermischt angewendet. Große international tätige Industriefirmen wenden nach Möglichkeit internationale Normen an, soweit sie vorhanden sind. Fehlende Normen werden dann meistens durch Hausnormen ergänzt.

8.1 Referenzbezeichnungen

Die zur Definierung und Auffindung von Bauelementen notwendigen Referenzkennzeichnungen in Stromlauf- und Referenzplänen bestehen aus drei Klassifizierungen, die von links nach rechts gelesen, folgende Bedeutung haben:

Die Buchstaben kennzeichnen das Bauelement, z.B. "R" für Widerstand oder "Tr." für Transformator.

Die auf den Buchstaben folgenden Zahlen geben die fortlaufende Numerierung dieser Bauelementeart an, z.B. R1, R2, R25... Danach folgt in der Regel die elektrische Wertangabe des Bauelementes, z.B. 0,47 µ oder 18 k.

Da aus der Referenzbezeichnung bzw. aus dem Bauelementsymbol die Art des Bauelementes hervorgeht, ist es nicht erforderlich, nach der Wertangabe die Maßeinheit, z.B. Ohm (Ω), Farad (F) oder Henry (H) anzugeben.

Wird die Wertigkeit in der Grundeinheit angegeben, z.B. der Wert "270", dann folgt keine Stellenwerteinheit, wie k für kilo oder µ für Mikro, M für Mega.

Die Abkürzungen für die Referenzbezeichnungen der Bauelementearten sind nicht genormt. Folgende Kennzeichnungen sind gebräuchlich:

Buchseneingänge	"Bu" oder J
Dioden	"D" oder "G", bzw. CR
Filter, auch Quarzfilter	"F" oder "T" (Ausland)
Gleichrichter	"Gl" oder CR
Kondensatoren	"C"
Lampen	"La" oder DS
Lautsprecher	"LS"
Relais	"Rel"
Spulen	"L"
Schalter, Tasten	"S"
Sicherungen	"S" oder F
Transistoren	"T" oder Q (Ausland)
Transformatoren, Übertrager	"Tr" oder T (Ausland)
Widerstände	"R"
Integrierte Schaltungen	"IC"

Einige Beispiele:

R 25 – 47 k	(Widerstand Nr. 25, Wert 47 kΩ)
R 2 – 18	(Widerstand Nr. 2, Wert 18 Ω)
R 116 – 1 M	(Widerstand Nr. 116, Wert 1 MΩ)
C 15 – 0,47 μ	(Kondensator Nr. 15, Wert 0,47 μF oder 470 nF)
C20 – 300 p	(Kondensator Nr. 20, Wert 300 pF)
C153 – 0,1	(Kondensator Nr. 153, Wert 0,1 F oder 100 mF)
L 7 – 0,08	(Induktivität Nr. 7, Wert 0,08 H oder 80 mH)

Die Dimensionseinheiten "m" (Milli), "n" (Nano) sind international nicht gebräuchlich und kommen daher nur selten zur Anwendung.

Diese Bezeichnungen sind auch bei der Beschriftung von Bauelementen üblich, sofern kein Farbcode angewendet wird.

Bei Kondensatoren wird z.B. häufig der Wert ohne Dimensionseinheit angegeben.

Bei Elektrolytkondensatoren wird der Wert dann in μF abgelesen, bei keramischen Kondensatoren und Folienkondensatoren immer in pF wenn nicht anders angegeben.

Daß bei den Referenzbezeichnungen sehr unterschiedlich verfahren wird, zeigt als Extremfall der Schaltungsauszug in

Abb. 4.4. Hier fehlen die Referenzangaben und nur die Werte und Halbleitertypen sind angegeben.

8.2 Werksnormen für Stromlaufpläne und Funktionsabläufe

Die Darstellungen von Ausgangszuständen, Betriebsspannungen, Verbindungen und Bezugspotentialen werden von Firma zu Firma in anderen Formen und eigenen Systemen gehandhabt, sie sind ausgesprochen firmenspezifisch.

Als Beispiel dafür sollen stellvertretend für viele Varianten einige Darstellungsnormen von Unternehmen der Nachrichten- und Meßtechnik vorgestellt werden.

So werden z.B. in Gerätesystemen, die mehrere Betriebsspannungen erfordern, die einzelnen Spannungen durch Referenzbezeichnungen dargestellt (vgl. *Abb. 8.1*).

Der geerdete Pluspol wird mit "Uo" bezeichnet. Die Teilspannungen −24 V mit U_2 und −48 V mit U_1. Potentialbereiche entsprechend mit ΔU_1, bzw. mit ΔU_2.

Spannungen, die zwischen U_0 und U_2 liegen, tragen die Bezeichnung U_{02}, bzw. U_{01} für Spannungen, die zwischen U_2 und U_1 liegen.

Die Definitionen der möglichen Schaltzustände in digitallogischen Schaltungen werden durch die Potentiale oder Potentialbereiche dargestellt.

Bei den Transistorschaltungen entspricht das "0"-Signal dem Potentialbereich U_2 bis U_1 (−24 V bis −48 V) und das "1"-Signal einen wesentlich größeren positiven Potential, U_2 bis Uo (−24 bis +0 V).

Ergänzend zu diesen Schaltzuständen werden noch folgende Binarzustände definiert:

1-Signal ⟶ NICHT – 0-Signal ⟶ $\overline{0}$-Signal
0-Signal ⟶ NICHT – 1-Signal ⟶ $\overline{1}$-Signal

Damit ergeben sich an den Eingängen einer Schaltestufe (*Abb. 8.2*) folgende möglichen Signalzustände:

T1 leitend ⟶ 0-Signal, T_1 gesperrt ⟶ 1-Signal
K1 geschlossen → 0-Signal, K_1 offen → $\overline{0}$-Signal → 1-Signal
T2 leitend → 1-Signal, T_2 gesperrt → $\overline{1}$-Signal → 0-Signal
K2 geschlossen → 1-Signal, K_2 offen → $\overline{1}$-Signal → 0-Signal

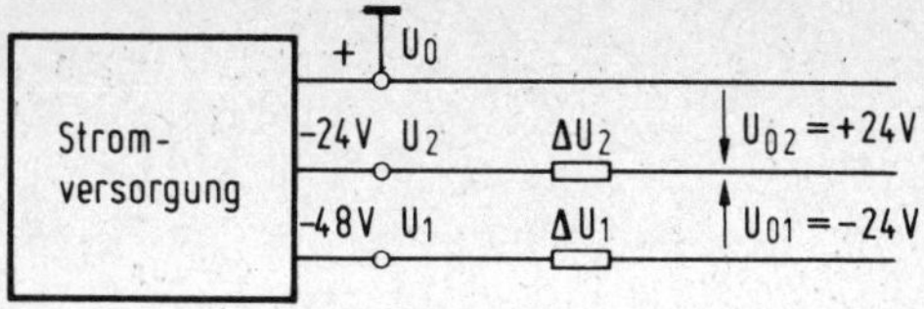

8.1 Referenzbezeichnungen für Versorgungsspannungen

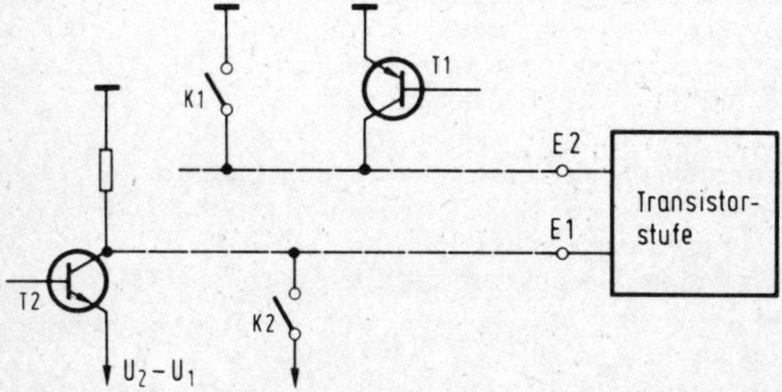

8.2 Übersicht über mögliche Signalzustände

In den Schaltungen wird der Ruhezustand der Transistoren dadurch gekennzeichnet, daß der jeweils leitende Transistor schraffiert gezeichnet ist.

Eine sehr nützliche und von vielen Herstellern angewandte Maßnahme, ist die Einteilung der Stromlaufpläne in Planquadrate (*Abb. 8.3*). In den Schaltungs- und Servicebeschreibungen wird die Kennzeichnung des Planquadrates vor die Referenzbezeichnung des Bauelementes gesetzt. Z.B. in Abb. 8.3 wird für ein Bauelement die Angabe C3 — R10 gemacht. Dies bedeutet, daß im Planquadrat C3 der Widerstand R10 aufzufinden ist.

Diese Orientierungshinweise sind vor allem bei großen Stormlaufplänen, z.B. DIN A 3 oder DIN A 2, eine wesentliche Unterstützung zum Auffinden der einzelnen Bauelemente.

Bei größeren Geräten mit mehreren Funktionseinheiten wird jeder Stromlaufplan einer Leiterplatte separat auf einer Seite DIN A 3, gefaltet auf DIN A 4, dargestellt.

Damit bei mehreren Stromlaufplänen ein rasches Auffinden des Funktionsablaufes oder des Signalweges möglich ist, wer-

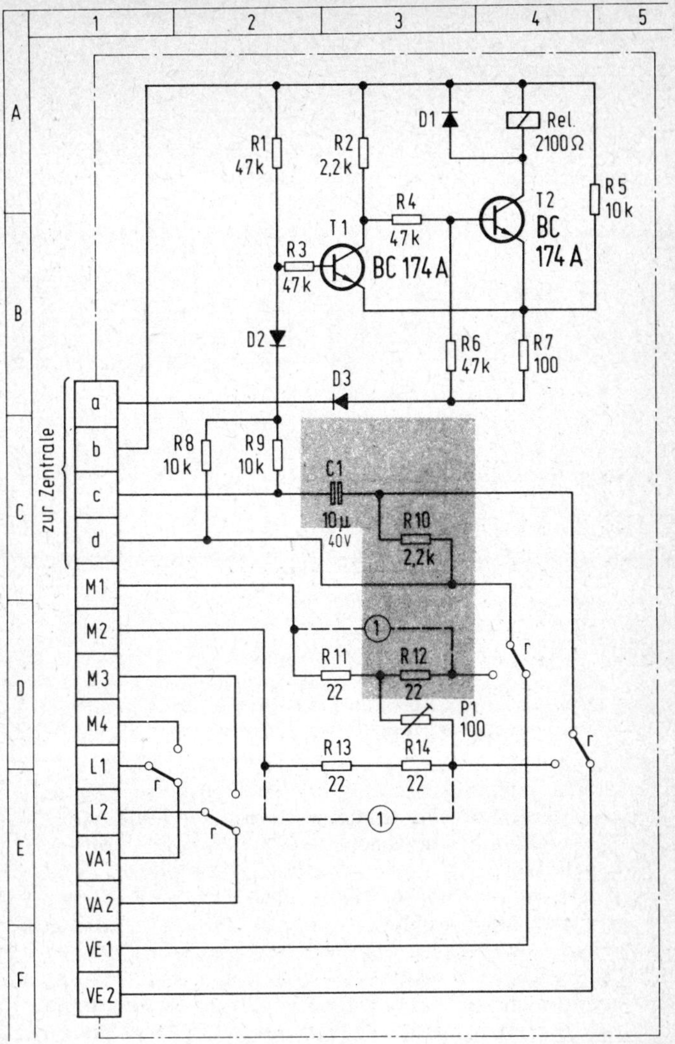

① Bei direktem Betrieb ohne Dämpfung Brücken einlegen

8.3 Definition der Bauelemente mit Hilfe der Planquadrate

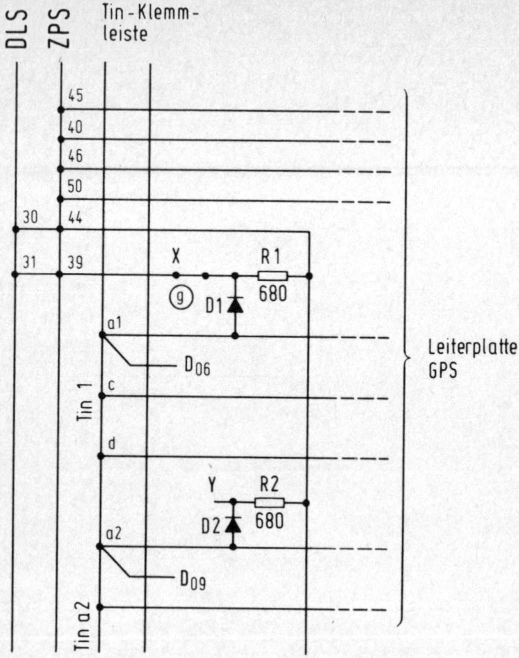

8.4 Darstellung der Verbindungen der Leiterplatte GPS zu anderen Leiterplatten und Funktionseinheiten

den die Verbindungspunkte des Stromlaufplanes einer Leiterplatte waagerecht an eine senkrecht verlaufende Linie geführt, die oben die Bezeichnung der Leiterplatte führt, mit der die dargestellte Leiterplatte verbunden ist. Das Beispiel in *Abb. 8.4* zeigt einen Teilausschnitt der Leiterplatte GPS.

Die abgebildeten Anschlüsse führen an weitere Funktionseinheiten und Leiterplatten.

Die Anschlüsse "30" und "31" führen an die Leiterplatte DLS. Die Anschlüsse "46", "44" und "39" an die Leiterplatte ZPS. An die Teilnehmerklemmleiste führen die Anschlüsse a1, a2, c und d.

Die Weiterverfolgung eines Anschlusses ist aufgrund dieser Kennzeichnung ohne weiteres möglich.

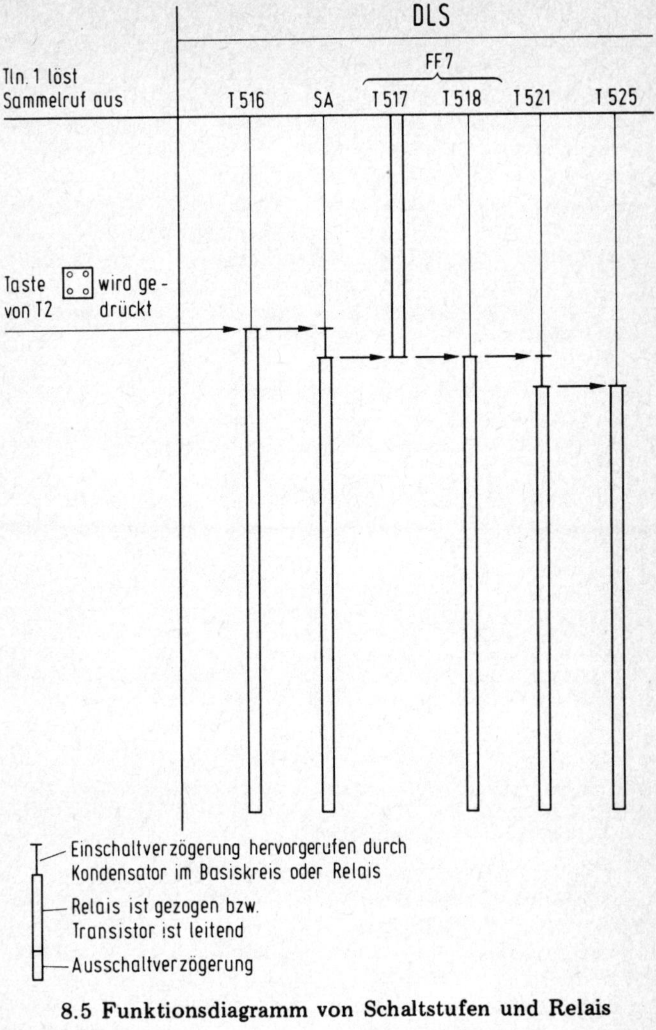

8.5 Funktionsdiagramm von Schaltstufen und Relais

Zuerst wird die Funktionseinheit, bzw. Leiterplatte definiert. Z.B. führt die Verbindung Nr. 31 zur Leiterplatte DLS. Unter dieser Nummer kann man auf der Leiterplatte DLS die Verbindung weiter verfolgen.

Funktionsabläufe von Schaltungen werden vielfach in einem Ablaufdiagramm dargestellt. In diesem Ablaufdiagramm wird jede Schaltstufe, bzw. jedes Relais seiner Funktionsfolge entsprechend eingesetzt *(Abb. 8.5)*.

Der schwarze dünne Strich zu Beginn der Einschaltfunktion besagt, daß der Transistor, bzw. das Relais verzögert einschaltet. Der schwarze Balken zeigt dann den Einschaltzustand an (Transistor leitend, Relais erregt). Das daran anschließende Kästchen zeigt eine Ausschaltverzögerung.

In der Abb. 8.5 ist im Ruhezustand der Transistor T 517 des Flipflop FF7 leitend. Alle anderen Transistoren sind nichtleitend. Das Relais SA nicht angezogen.

Durch Auslösung der Funktion mittels der Taste "Sammelruf" wird durch den Transistor T2, entsprechend der dargestellten Reihenfolge, der Transistor T 516 leitend geschaltet. Dadurch kippt das Flipflop FF7 in die andere Ausgangslage, T 517 wird nichtleitend, T 518 leitend. Durch T 518 wird T 521 geschaltet. Dieser Transistor schaltet verzögert den Transistor T 525.

Diese Form der Funktionsdarstellung hat den Vorteil, daß auf einen Blick die am Funktionsablauf beteiligten Schaltstufen zu ersehen sind. Dies ist anhand des Schaltbildes und der Funktionsbeschreibung nicht möglich.

8.3 Kennwert- und Datenblätter

Für den Applikations- oder Service-Techniker ist es unerläßlich, die wesentlichsten Kennwerte eines Bauelementes für seine Belange aus den Unterlagen des Herstellers zu entnehmen, d. h. Datenblätter lesen. Vor allem der Servicetechniker steht vielfach vor dem Problem, ein defektes Bauteil zu ersetzen. Hierbei ist er oftmals gezwungen, ein nicht mehr erhältliches Bauelement durch ein gleichwertiges zu ersetzen.

Aus der Vielzahl der angegebenen Daten muß er die für die Betriebssicherheit des Gerätes wichtigsten Werte ermitteln.

Die wichtigsten Werte sind maximal zulässige Ströme, Sperrspannungen, Schleusen- und Schwellenspannungen, totale Verlustleistung und Toleranzangaben.

Hierzu drei Beispiele für Dioden, Transistoren und einen integrierten Digitalbaustein:

Bei den meisten Datenblättern werden vorab die Abmessungen des Bauteiles, Gewicht und Gehäuseform angegeben. Auch die Grenzwerte des Bauteils werden vorab gegeben. Diese Grenzwerte sind absolute Höchstwerte, die auf keinen Fall als Kennwert für den Dauerbetrieb angesehen werden dürfen. In der Regel sind dies Verlustleistung, Sperrschichttemperatur und Lagerungstemperatur sowie Wärmewiderstand und Sperrspannungen. Danach folgen Kennwerte und Kennlinien, bzw. die verschiedensten Parameter.

Im folgenden Beispiel soll ein Ersatztyp für eine defekte Diode BA 170 gefunden werden. Diese Diode hat als Grenzwert für die Sperrspannung $U_R = 20$ V angegeben. Der Grenzwert für die Verlustleistung liegt bei $P_{tot} = 300$ mW. Bei der Suche nach einem Ersatztyp muß darauf geachtet werden, daß diese für den Betrieb der Diode wichtigsten Kennwerte nicht unterschritten werden.

Als Ersatztyp käme z. B. die Diode BAV 17 in Frage. Ihre Werte liegen für $U_R = 25$ V und $P_{tot} = 400$ mW deutlich über den Werten der BA 170. Grundsätzlich kann ein Halbleiterbauelement einer Typengruppe mit niedriger Kennziffer duch einen Typ mit höherer Kennziffer ersetzt werden. Die Diode BA 170 kann daher durch die Typen BA 171, bzw. BA 172 ersetzt werden.

Bei Ersatz von Z-Dioden ist neben der Arbeitsspannung, z. B. $U_Z = 10$ V, der zulässige Arbeitsstrom I_z und der differentielle Widerstand r_z von Bedeutung. Als Beispiel soll für eine defekte ZPD 10 ein Ersatztyp gesucht werden.

Die ZPD 10 gehört laut Datenblatt zu einer Typengruppe die von ZPD 1 bis ZPD 51 reicht und die eine Verlustleistung von 500 mW haben. Außerdem eine Toleranz der Arbeitsspannung von 0,5 V. Es gibt nun die Möglichkeit, die ZPD 10 durch zwei in Reihe geschaltete Z-Dioden mit niedrigerer Arbeitsspannung zu ersetzen, z. B. durch die Typen ZPD 5,1. Der zulässige Arbeitsstrom liegt aufgrund der niedrigeren Arbeitsspannung doppelt so hoch ($I_z = 80$ mA). Allerdings liegt der differentielle Widerstand bei $r_z = 30\ \Omega$ wesentlich höher. Durch die Reihenschaltung verdoppelt sich dieser Widerstand auf 60 Ω. Dies muß beachtet werden! In manchen Schaltungen ist der differentielle Widerstand für die Siebwirkung von großer Bedeutung. Ist dies der Fall, muß ein Ersatztyp gesucht werden. Dies wäre z. B. eine Z-Diode mit höherer Verlustleistung. Bei der ZY 10 liegt die Verlustleistung bei 1,3 W, der Arbeitsstrom dadurch bei 90 mA (T_u = 45°C). Der differentielle Widerstand liegt bei r_z = 2 Ω und damit ebenfalls etwas besser als bei der ZPD 10 (r_z = 4 Ω).

Die wichtigsten Kennwerte für Transistoren sind die Grenzwerte für U_{CEO} (bei offener Basis), für I_C und für I_B. Außerdem die statische Stromverstärkung B, die Kollektor-Sättigungsspannung U_{CEsat}, die Basis-Sättigungsspannung U_{BEsat} und die Basis Emitterspannung U_{BE} sowie die Verlustleistung P_{tot}.

Diese Kennwerte werden in Datenblättern für ganze Typengruppen angegeben. Zum Beispiel für die Typengruppe BC 107 bis BC 239. Auch hier gilt die Regel, daß ein Transistor einer Typengruppe mit niedriger Kennziffer durch einen Transistor mit höherer Kennziffer ersetzt werden kann, weil dieser in den Kennwerten auf jeden Fall besser ist.

Bei integrierten Schaltungen gibt es in der Auswahl von Ersatztypen keine großen Ausweichmöglichkeiten. Man ist hier vor allem an die Anschlußbelegung der einzelnen IC's gebunden. In den Typenbezeichnungen hat sich eine gewisse Standardisierung durchgesetzt.

IC's mit einem Temperaturbereich von 0°C bis + 70°C beginnen mit den Ziffern 74.....IC's mit einem Temperaturbereich von —55°C bis + 125°C beginnen mit den Ziffern 54.... Eine Ausnahme bildet die Firma Siemens, die ein eigenes Typenbezeichnungsschema benützt.

Die Buchstaben vor den Ziffern geben lediglich Aufschluß über den Hersteller, z. B. MIC (Intermetall), SN (Texas Instruments), FZ (Siemens), MK (Mostek) usw.

Alle Firmen stellen IC's mit gleichen Kennwerten und Anschlußbelegungen her. So kann der Baustein SN 7400 (4 fach NAND) von Texas-Instruments ohne weiteres gegen den Baustein MIC 7400 von Intermetall ausgetauscht werden. Desgleichen kann ein Baustein 7400 gegen einen Baustein 5400 ausgetauscht werden.

8.4 Flußdiagramme, Befehlslisten

In zunehmenden Maße muß sich der Elektroniker daran gewöhnen, daß er neben den gebräuchlichen Schaltungsunterlagen (Stromlaufplan, Blockschema) auch noch Flußdiagramme und Befehlslisten in den Service-Unterlagen zu einem Gerät oder einer Anlage vorfindet.

Dies ist dann der Fall, wenn die Schaltungsfunktionen (Hardware) durch einen Computer (z. B. Mikroprozessorsystem) per Programm (Software) gesteuert werden.

Das Flußdiagramm oder auch der Programmablaufplan sind sozusagen das Block- oder Funktionsschema des in einem Speicher befindlichen Befehlsprogrammes (Vergleiche hierzu die Symbole nach DIN 66001 im Anhang unter 9.9), das den Funktionsablauf darstellt.

In *Abb. 8.6* ist als Beispiel der Programmablaufplan für ein Multiplikationsprogramm mit dem Befehlssatz des SAB 8080 dargestellt.

In diesem Programm werden die Inhalte der Register C und D miteinander multipliziert. Das Ergebnis erscheint im Registerpaar BC.

Der verwendete Algorithmus fragt alle 8 Bit des Multiplikators im Register C auf ihren Inhalt ab. Ist der Inhalt 1, so muß der Muliplikand stellenwertrichtig addiert werden. Begonnen wird mit der wertniedrigsten Stelle des Multiplikators. Im ersten Programmteil bis zur Adresse 4 ϕ ϕ A werden Multiplikand und Multiplikator eingelesen, der Stellenzähler (Register E) wird gesetzt und die linke Hälfte des Ergebnisregisters gelöscht.

Die 3 Befehle in den Adressen 4 ϕ ϕ B bis 4 ϕ ϕ D verschieben den Inhalt des Registers C um eine Stelle nach rechts. Das wertniedrigste Bit des Multiplikators befindet sich jetzt im C-Flipflop. Wenn der Stellenzähler noch nicht Null ist, wird mit dem Befehl MOV A, B (Adresse 4 ϕ 1 2) die linke Hälfte des Ergebnisregisters in den Akkumulator geholt. Der Befehl Add D (Adresse 4 ϕ 1 6) wird nur dann ausgeführt, wenn das C-Flag = 1 ist. Das bedeutet, daß jede 1 im Multiplikator die Addition des Multiplikanden zur linken Ergebnishälfte veranlaßt. Die linke Ergebnishälfte, die jetzt noch im Akkumulator steht, wird mit RAR (Adresse 4 ϕ 1 7) um eine Stelle nach rechts verschoben und dann mit MOV B, A wieder in das B-Register gebracht. Bei dem Schiebevorgang gelangt das wertniedrigste Ergebnis-bit in

8.6 Programmablaufplan

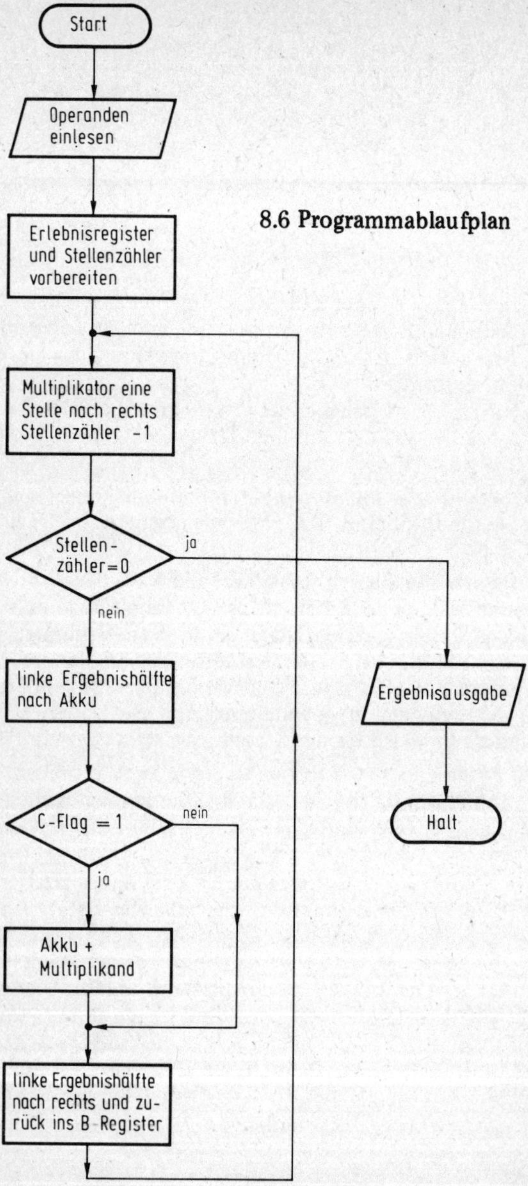

das Carry-Flipflop. Der Sprungbefehl zur Adresse 4 ϕ ϕ B beeinflußt das C-Flag nicht, so daß mit dem Schiebebefehl für das Register C (MOV A, C; RAR; MOV C, A) das wertniedrigste Ergebnis-bit in der werthöchsten Stelle des Registers C erscheint. Gleichzeitig wird das zweite bit des Multiplikators in das C-Flipflop geschoben. Von hier ab wiederholt sich der Vorgang, bis alle 8 Multiplikatorstellen bearbeitet sind.

Der Stellenzähler muß auf 9 gesetzt werden, da der Aussprung aus der Programmschleife vor dem Verschieben der linken Ergebnishälfte erfolgt; diese also nur 8mal durchgeführt wird. Am Ende der Multiplikation wird das Registerpaar BC zur Anzeige gebracht.

Befehlsliste:

Adr.	Inhalt	Befehl	
4ϕϕϕ	ϕϕ	NOP	
4ϕϕ1	DB ϕ1	IN	ϕ1
4ϕϕ3	4F	MOV	C,A
4ϕϕ4	DB ϕ2	IN	ϕ2
4ϕϕ6	57	MOV	D,A
4ϕϕ7	ϕ6 ϕϕ	MVI	B,ϕϕ
4ϕϕ9	1E ϕ9	MVI	E,ϕ9
4ϕϕB	79	MOV	A,C
4ϕϕC	1F	RAR	
4ϕϕD	4F	MOV	C,A
4ϕϕE	1D	DCR	E
4ϕϕF	CA 1C4ϕ	JZ	4ϕ1C
4ϕ12	78	MOV	A,B
4ϕ13	D2 174ϕ	JNC	4ϕ17
4ϕ16	82	ADD	D
4ϕ17	1F	RAR	
4ϕ18	47	MOV	B,A
4ϕ19	C3ϕB4ϕ	JMP	4ϕϕB
4ϕ1C	78	MOV	A,B
4ϕ1D	D3 ϕ3	OUT	ϕ3
4ϕ1F	79	MOV	A,C
4ϕ2ϕ	D3 ϕ4	OUT	ϕ4
4ϕ22	76	HLT	

9 Darstellungshilfen für speicherprogrammierbare Steuerungen

Speicherprogrammierbare Steuerungen (im folgenden SPS genannt) sind Mikrocomputerschaltungen mit frei programmierbaren Halbleiterspeichern, die Verknüpfungsschaltungen (Logische Verknüpfungen, Zeit- und Zählfunktionen) enthalten.

Der Steuerstromkreis der SPS besteht aus den in der Steuerungsanlage befindlichen Signalgebern, die einzeln an die SPS im Eingangsfeld angeschlossen sind *(Abb. 9.1)*, und aus dem Leistungsteil im Ausgangsfeld.

Die Abarbeitung des Programms geschieht seriell. Die Abarbeitungszeit ist von der Programmlänge abhängig. Die Programmerstellung für den gewünschten Steuerungsablauf einer SPS erfolgt anhand einer verbalen Beschreibung, eines Stromablaufplanes oder eines Funktionsplanes. Das Programm wird über ein Datenterminal (Tastatur mit Anzeigeeinheit) in den Speicher abgelegt.

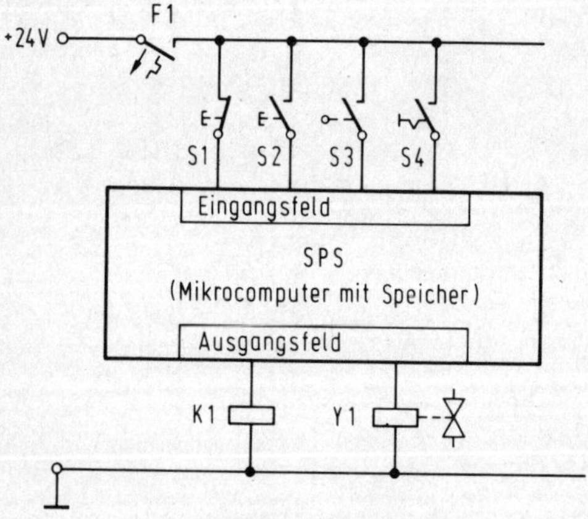

9.1 Speicherprogrammierbare Steuerung

Der Programmierer muß bei der Programmerstellung in Form einer Anweisungsliste (AWL) bestimmte Regeln beachten. Ein- und Ausgänge und Zeitglieder müssen in einer produktabhängigen Bedienersprache eingegeben werden.

9.1 Betriebsmittel- und Zuordnungsliste

Speicherprogrammierbare Steuerungen und die Programmiergeräte verwenden nur die Kennzeichnung E für Eingänge und A für Ausgänge. Die Kennzeichnung der elektrischen Betriebsmittel in einem Stromlaufplan erfolgt nach DIN 40719 Teil 2. So werden beispielsweise Taster, Grenztaster mit S..., Ventile mit Y... und Schütze mit K bezeichnet.

Bei der Umsetzung eines Stromlaufplanes in ein Programm muß daher zuerst eine Zuordnungsliste erstellt werden *(Abb. 9.2)*. Darin werden die Ein- und Ausgänge durchnumeriert.

9.2 Kontaktplan (KOP)

Eine Form der grafischen Programmierung ist der Kontaktplan. Nach DIN 19239 sind hierfür drei Symbole entsprechend *Abb.*

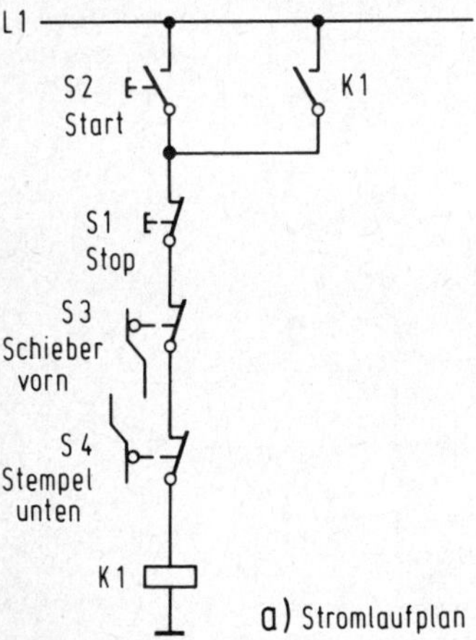

a) Stromlaufplan

Geräte-bezeichnung	SPS-Bezeichnung	Funktions-hinweise
S1	E1	Stop
S2	E2	Start
S3	E3	Schieber vorn
S4	E4	Schieber hinten
K1	A1	Automatik ein

b) Betriebsmittel und Zuordnungsliste

9.2 Beispiel für Stromlaufplan und Zuordnungsliste

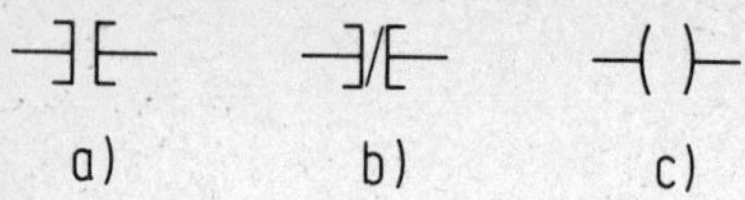

9.3 Darstellungssymbole im Kontaktplan
a) Eingang
b) Eingang negiert
c) Ausgang

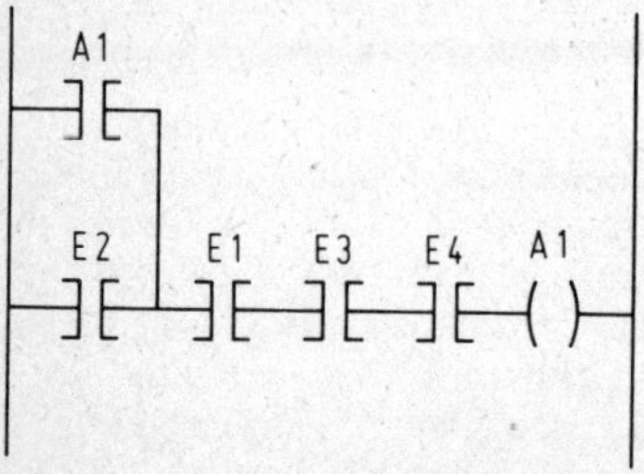

9.4 Kontaktplan (KOP) des Stromlaufplanes nach Abb. 9.2a

9.3 vorgesehen. Als Eingänge können auch abzufragende Ausgänge, Zeitglieder und Merker eingesetzt werden. Die Umsetzung des Stromlaufplanes nach Abb. 9.2 ergibt den Kontaktplan entsprechend *Abb. 9.4*.

9.3 Funktionsplan (FUP)

Eine weitere Form der grafischen Programmierung ist der Funktionsplan. Die Aufstellung der Symbole in *Abb. 9.5* zeigt die

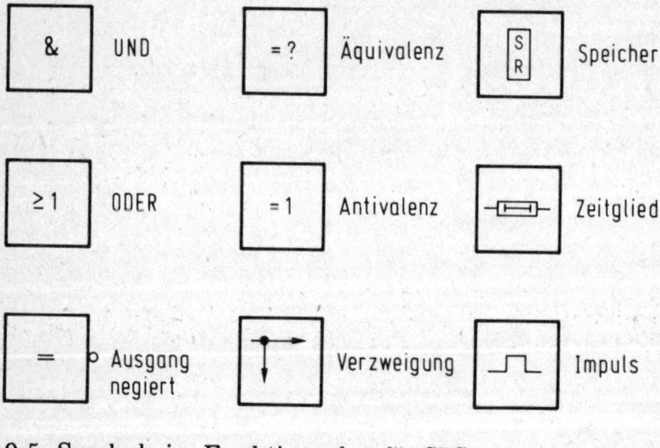

9.5 Symbole im Funktionsplan für SPS

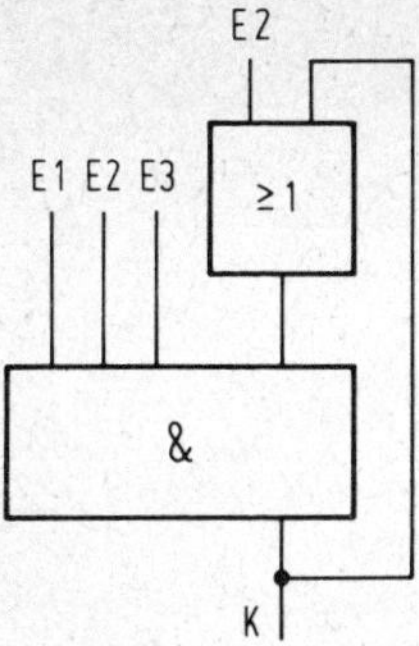

9.6 Funktionsplan der Schaltung nach Abb. 9.2a

wesentlichsten Funktionen nach DIN 19239. Vielfach werden die Symbole der Elektronik benützt (z.B. Flipflop, Register, Zähler usw.).

In *Abb. 9.6* ist der Stromlaufplan aus Abb. 9.2 in einen Funktionsplan umgesetzt.

9.4 Anweisungsliste (AWL)

Für die Erstellung der Anweisungsliste kann als Vorlage sowohl der Kontaktplan als auch der Funktionsplan dienen. Die aufeinanderfolgenden Anweisongen werden listenförmig den Speicherplätzen zugeordnet. Jede Anweisung enthält die durchzuführenden Operationen (Art der Verknüpfung), das Operandenkennzeichen (Eingang, Ausgang, Merker) sowie den Parameter (Nr. des Operanden).

Es bedeuten für die Operanden:	E	Eingänge
	A	Ausgänge
	M	Merker
	T	Zeiten
	Z	Zähler
Es bedeuten für die Operationen: (Eingabe)	U	UND-Verknüpfung Signalabfrage bejaht
	UN	UND-Verknüpfung Signalabfrage negiert

(Eingabe)	O	ODER-Verknüpfung
	ON	ODER-Verknüpfung negiert
(Ausgabe)	=	Zuweisung
	=N	Zuweisung negiert
	SL	Speicher setzen
	RL	Speicher rücksetzen
(Zeit- und Zähloperationen):	=T	Zeit-Eingang
	=L	Zähler-Sollwertübernahme
	=I	Zähler-Eingang
	SW	Sprung bedingt bejaht
	LS	Lade sofort
	NO	Keine Operation
	PE	Programmende

Die folgende Anweisungsliste zeigt den Programmablauf der Schaltung nach Abb. 9.2, bzw. 9.4 oder 9.6:

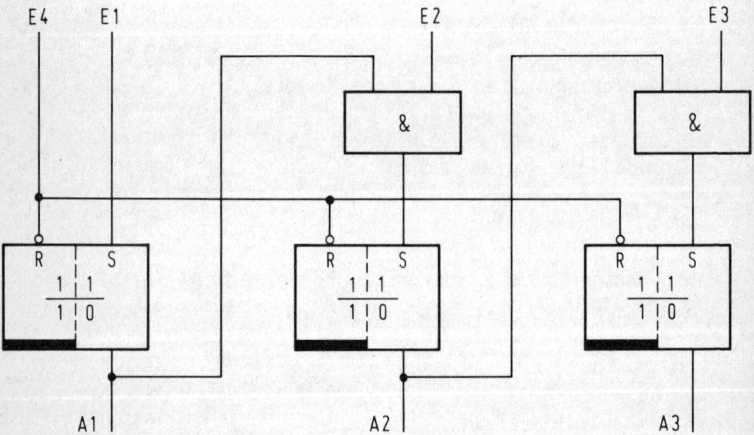

9.7 Funktionsplan einer handbetätigten Folgeschaltung

Adr.	Operation	Operand und	Parameter
1	U	E	2
2	O	A	1
3	U	E	1
4	U	E	3
5	U	E	4
6	=	A	1
7	PE		

Abb. 9.7 zeigt den Funktionsplan einer handbetätigten Folgeschaltung mit Speicherfunktionen. Dazu ist folgende Anweisungsliste erforderlich:

Adresse	Anweisung	Kommentar
1	U El	Setzen erster Ausgang
2	SL Al	
3	UN E4	Rücksetzen erster Ausgang
4	RL Al	
5	U E2	Setzen zweiter Ausgang
6	U Al	
7	SL A2	
8	UN E4	Rücksetzen zweiter Ausgang
9	RL A2	
10	U E3	Setzen dritter Ausgang
11	U A2	
12	SL A3	
13	UN E4	Rücksetzen dritter Ausgang
14	RL A3	
15	PE	Programmende

10 Anhang

10.1 Genormte und international angewendete Schaltzeichen

10.1.1 Stromquellen

Schaltzeichen DIN	gebräuchl. Varianten	Benennung
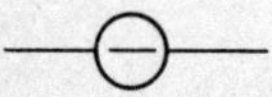	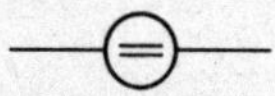	Gleichstromquelle
	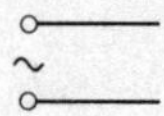	Wechselstromquelle technischer Wechselstrom
	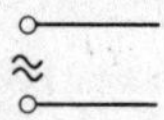	Wechselstromquelle Tonfrequenz
		Wechselstromquelle Hochfrequenz
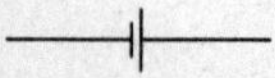	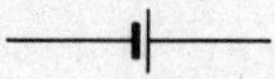	Element Akku, Batterie
		Batterie aus n-Ele- menten

10.1.2 *Sicherungen, Bezugspotentiale*

Schaltzeichen DIN	gebräuchl. Varianten	Benennung
	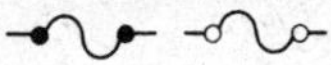	Sicherung allgemein
		Feinsicherung
		Sicherung mit Kennzeichnung des netzseitigen Anschlusses
		Spannungssicherung
		Erde allgemein
		Masse allgemein

10.1.3 *Leitungen und Steckverbindungen*

Schaltzeichen DIN	gebräuchl. Varianten	Benennung
		Leitung allgemein
		Schutzleitung für Erdung, Nullung
		nicht lösbare, leitende Verbindung
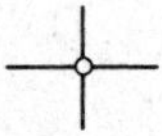		lösbare, leitende Verbindung
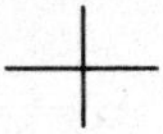		sich kreuzende, nicht verbundene Leitungen
		Steckerstift allgemein
		Steckerbuchse
	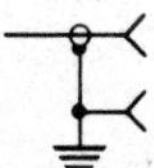	Steckerbuchse mit Schirmanschluß

10.1.4 Einstellung und Veränderung

Schaltzeichen DIN	gebräuchl. Varianten	Benennung
	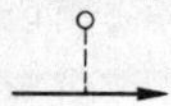	veränderbar durch mechanische Verstellung allgemein
		veränderbar, stetig, linear
	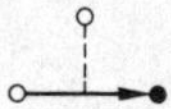	veränderbar, stufig
		Kennzeichen für lineare Veränderbarkeit unter Einfluß einer physikalischen Größe
		Kennzeichen für nicht lineare Veränderbarkeit unter Einfluß einer physikalischen Größe
		einstellbar durch mechanische Verstellung allgemein
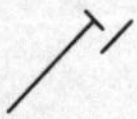		einstellbar, stetig
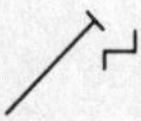	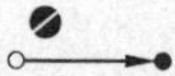	einstellbar, stufig

10.1.5 Widerstände

Schaltzeichen DIN	gebräuchl. Varianten	Benennung
		Widerstand allgemein
	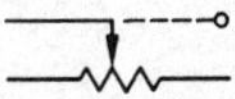	veränderbarer Widerstand Potentiometer
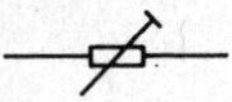		einstellbarer Widerstand
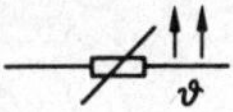		Kaltleiter, PTC
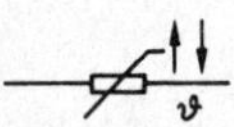		Heißleiter, NTC
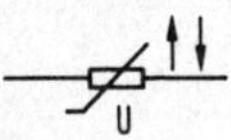		VDR
		Widerstand mit Anzapfungen
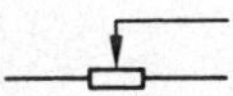		Widerstand mit Schleifkontakt

10.1.6 *Spulen*

Schaltzeichen DIN	gebräuchl. Varianten	Benennung
		Wicklung, Induktivität, Spule allgemein
		Wicklung mit Eisenkern
	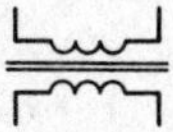	Transformator mit Eisenkern
		Spule, Wicklung, wahlweise Darstellung
		Spule, Wicklung, mit Anzapfungen
		Spule, Wicklung mit Kern aus magnetischen Werkstoff
		Spule, Wicklung, geschirmt

10.1.7 *Kondensatoren*

Schaltzeichen DIN	gebräuchl. Varianten	Benennung
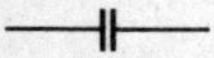	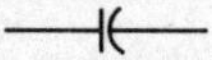	Kondensator, Kapazität allgemein
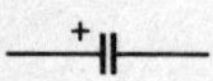	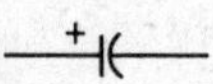	gepolter Kondensator
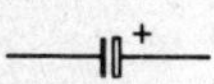		gepolter Elektrolyt-Kondensator
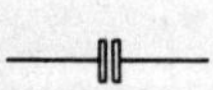		ungepolter Elektrolyt-Kondensator
		Kondensator, Kapazität einstellbar (Trimmer)
		Kondensator mit veränderlicher Kapazität

10.1.8 Halbleiter

Schaltzeichen DIN	gebräuchl. Varianten	Benennung
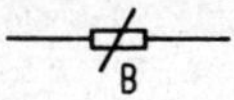		Von der Produktion eines Magnetfeldes abhängiger Widerstand (z.B. Feldplatte)
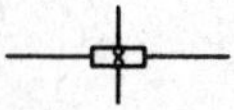		Hallgenerator Horizontale Leiter führen den Speisestrom. An den beiden vertikalen Anschlüssen tritt die Hallspannung auf.
		Photowiderstand

10.1.9 Halbleiterdioden und Vierschichtelemente

Schaltzeichen DIN	gebräuchl. Varianten	Benennung
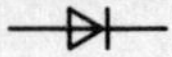		Halbleiter-Diode-Gleichrichter
		Temperaturabhängige Diode
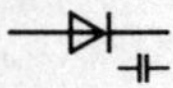		Kapazitäts-(Variations-) Diode Betrieb im Sperrbereich
		Tunnel-Diode
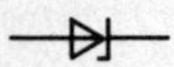		Z-Diode für Betrieb im Durchbruchbereich geeignet
		Gegeneinander geschaltete Z-Dioden, Begrenzer
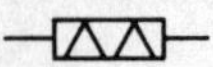		Photoelektrisches Bauelement, allgemein
		Photodiode
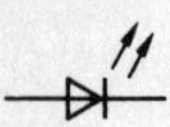		Lumineszenzdiode (LED)
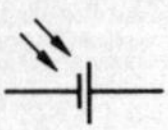		Photoelement
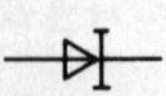		Backward-Diode (Unitunnel-Diode)
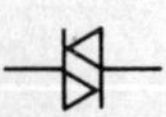		Zweirichtungsdiode (Varistor)
		Gleichrichter-Gerät

Schaltzeichen DIN	gebräuchl. Varianten	Benennung
		Thyristor, allgemein
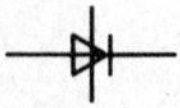		rückwärts sperrende Thyristordiode
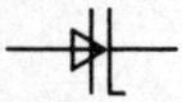		rückwärts leitende Thyristordiode
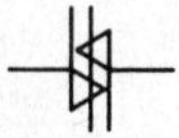		Zweirichtungs-Thyristordiode (DIAC)
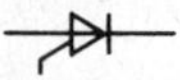		(anodenseitig steuerbare) rückwärts sperrende Thyristortriode
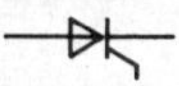		(kathodenseitig steuerbare) rückwärts sperrende Thyristortriode
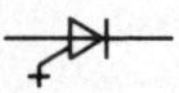		(anodenseitig steuerbare) Abschalt-Thyristortriode
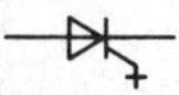		(kathodenseitig steuerbare) Abschalt-Thyristortriode
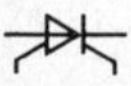 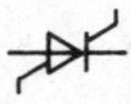		rückwärts sperrende Thyristortriode
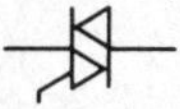		Zweirichtungs-Thyristortriode (TRIAC)
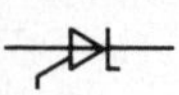		(anodenseitig steuerbare) rückwärts leitende Thyristortriode
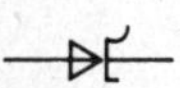		(kathodenseitig steuerbare) rückwärts leitende Thyristortriode

10.1.10 Bipolare Transistoren

Schaltzeichen DIN	gebräuchl. Varianten	Benennung
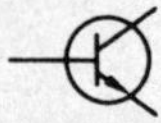	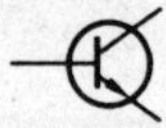	NPN-Transistor
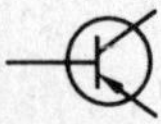	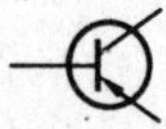	PNP-Transistor
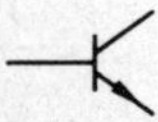	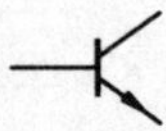	NPN-Transistor integriert
		PNP-Phototransistor
		Zweizonentransistor (Unijunction Transistor, Doppelbasisdiode) mit Basis vom P-Typ
		Zweizonentransistor (Unijunction Transistor, Doppelbasisdiode) mit Basis vom N-Typ

10.1.11 Unipolare Transistoren

Schaltzeichen DIN	gebräuchl. Varianten	Benennung
		Sperrschicht-FET mit N-Kanal
		Sperrschicht-FET mit P-Kanal
		Anreicherungs-IG-FET mit P-Kanal auf N-Substrat
		Anreicherungs-IG-FET mit N-Kanal auf P-Substrat

10.1.12 Grundform digitaler Verknüpfungsglieder

Schaltzeichen DIN	gebräuchl. Varianten	Benennung
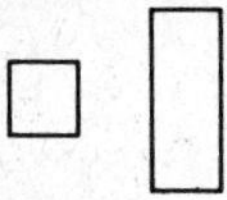		Grundform für Binärschaltungen Das Seitenverhältnis des Rechtecks ist beliebig

10.1.13 Negation

Schaltzeichen DIN	gebräuchl. Varianten	Benennung
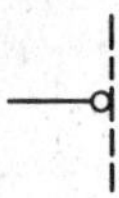		Eingang mit Negation Der Kreis drückt die Umkehrung des Wertes der binären Schaltvariablen an einem Eingang aus. Die Verbindungslinie kann auch durch den Kreis führen.
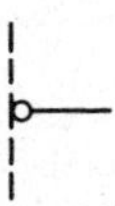	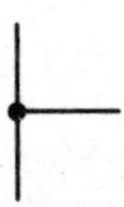	Ausgang mit Negation Der Kreis drückt die Umkehrung des Wertes der binären Schaltvariablen an einem Ausgang aus. Die Verbindungslinie kann auch durch den Kreis führen.

10.1.14 Statische und dynamische Eingänge

Schaltzeichen DIN	gebräuchl. Varianten	Benennung
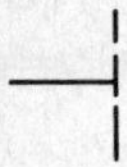	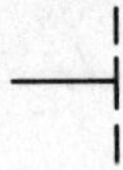	Statischer Eingang Eingang, bei dem nur der Zustand der binären Eingangsvariablen wirksam ist.
	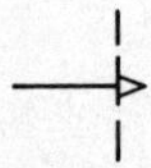	Dynamischer Eingang Eingang, bei dem nur die Änderung des Zustandes der binären Eingangsvariablen von 0 auf 1 wirksam ist.
		Dynamischer Eingang mit Negation Eingang, bei dem nur die Änderung des Zustandes der binären Eingangsvariablen von 1 auf 0 wirksam ist.

10.1.15 Binäre Verknüpfungsglieder

Schaltzeichen DIN	gebräuchl. Varianten	Benennung
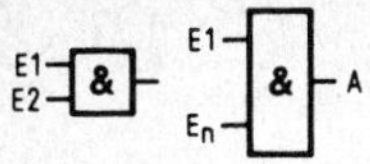	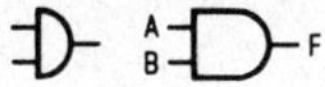	UND-Glied, Konjunktion
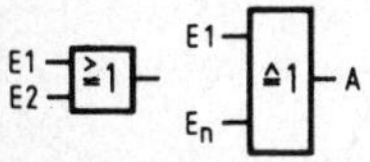	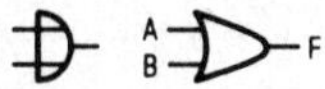	ODER-Glied, Disjunktion
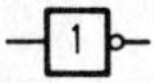	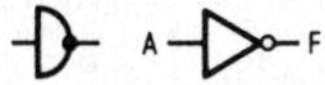	NICHT-Glied, Negation
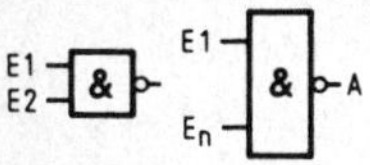	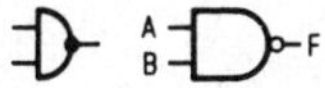	NAND-Glied
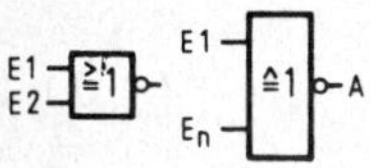	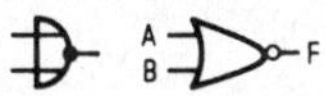	NOR-Glied
	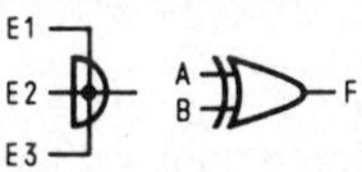	Exklusiv-ODER
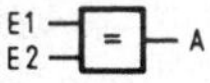	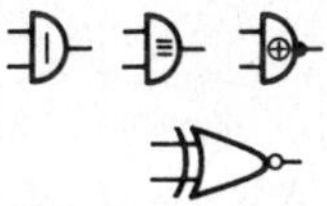	Äquivalenz
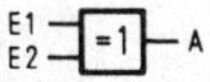	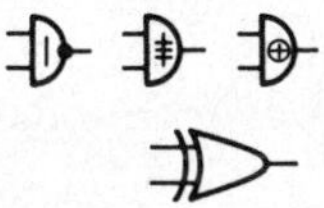	Antivalenz, Exklusiv-ODER
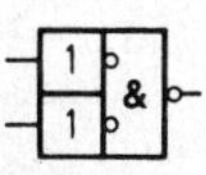	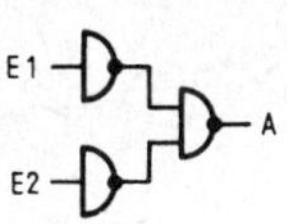	Kombination von Schaltzeichen

10.1.16 Kippglieder, Register und Speicher

Schaltzeichen DIN	gebräuchl. Varianten	Benennung
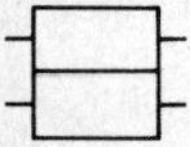		Bistabiles Kippglied, allgemein Wenn die Variable am Eingang den Wert 1 hat, nimmt die Variable am Ausgang, die im gleichen Feld des Schaltzeichens liegt, den Wert 1 an. Die Variablen von zwei Ausgängen oder Gruppen von Ausgängen, die sich in den durch die gestrichelte Linie gebildeten Feldern des Schaltzeichens gegenüberliegen, haben komplementäre Werte.
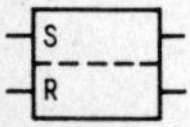	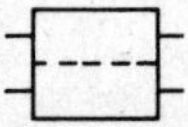 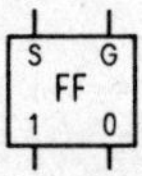	RS-Flipflop
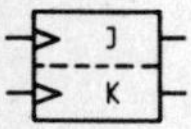	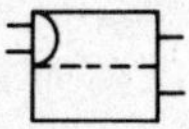 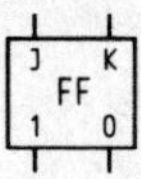	JK-Flipflop
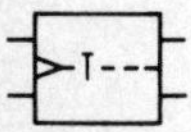	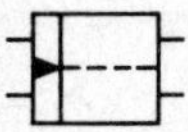 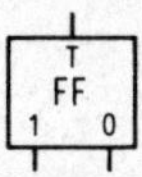	T-Flipflop
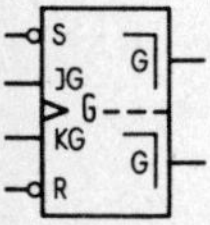		JK-Master-Slave-Flipflop ⌉ = verzögerter Ausgang
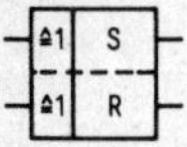		RS-Flipflop mit verknüpften ODER-Eingängen
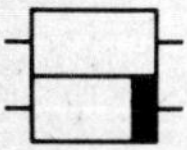		Bistabiles Kippglied mit besonders gekennzeichneter Grundstellung. Der gekennzeichnete Ausgang hat in einer besonders festzulegenden Grundstellung den Wert 1.

Schaltzeichen DIN	gebräuchl. Varianten	Benennung
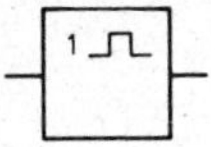	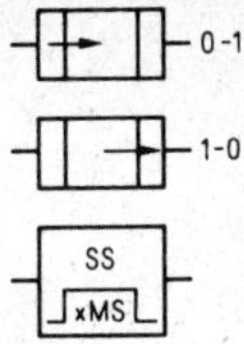	Monostabiles Kippglied Die Variable am Ausgang nimmt den Wert 1 an, wenn die Variable am Eingang den Wert 1 annimmt; die Ausgangsvariable behält den Wert für eine bestimmte Zeit, unabhängig von der Dauer des Wertes 1 der Variablen am Eingang.
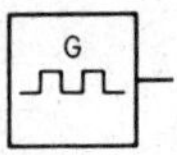		Astabiles Kippglied An das Schaltzeichen können auch Steuereingänge geführt werden.
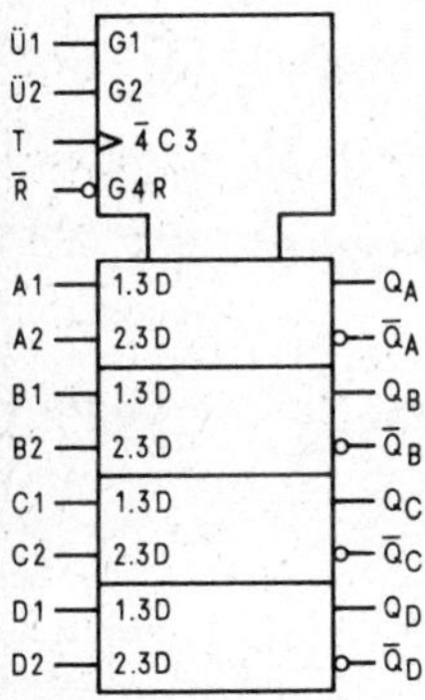		4-bit-Register mit Datenauswahlschaltung Vier D-Kippglieder mit Trigger- und Rücksetzeingängen (T und $\overline{R}$). Ü1, Ü2 Auswahl der Daten
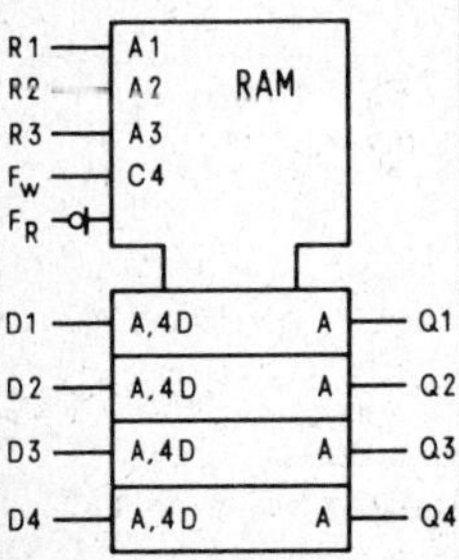		3 × 4-bit-RAM. R1 bis R3 sind Adressen F_W ist Schreibfreigabe D1-D4 sind Dateneingänge Q1-Q4 Datenausgänge

10.2 International gebräuchliche Abkürzungen in englischer Sprache

10.2.1 Reference Designators — Referenzkennzeichnungen

A *assembly* — Baugruppe
B *motor* — Antrieb, Motor
C *capacitor* — Kondensator
CR *diode* — Diode
DL *delay line* — Verzögerungsleitung
DS *device signaling (lamp)* — Indikator (Kontrollampe)
F *fuse* — Sicherung
FL *filter* — Filter
J *jack* — Buchse
K *relay* — Relais
L *inductor* — Drosselspule
M *meter* — Meßinstrument
MP *mechanical part* — mechanisches Teil
P *plug* — Verschluß, Abdeckung
Q *Transistor* — Transistor
R *resistor* — Widerstand
RT *thermistor* — Thermistor (NTC)
S *switch* — Schalter
T *transformer* — Transformator, Umformer
V *vacuum tube, neon* — Vacuumröhre, gasgefüllte Röhre
photocell — Photozelle
W *cable* — Kabel, Leitung

10.2.2 Abbreviations — Weitere Abkürzungen

A Ampere
BP *bandpass* — Bandpass, Filter (selektiv)
BWO *backward wave oscillator* — Oszillator
CER *ceramic* — Keramik
CMO *cabinet mount only* — Leergehäuse
COEF *coefficient* — Koeffizient
COM *common* — Bezugspunkt
COMP *composition* — Aufbau, Ausstattung, Beschaffenheit
CONN *connection* — Verbindung, Anschluß
CRT *cathode-ray tube* — Kathodenstrahlröhre
DEPC *deposited carbon* — abgelagerter Kohlenstoff

ELECT *electrolytic* – Elektrolyt
F *farads* – Farads (Kondensatoren)
FXD *fixed* – Festwert, nicht einstellbar
GE *germanium* – Germanium
GL *glass* – Glas
GRD *ground(ed)* – Masse, Erde
H *henries* – Induktivitäten
HG *mercury* – Quecksilber
HR *hours* – Stunden
IMPG *impregnated* – imprägniert
INCD *incandescent* – leuchtend
INS *insulation(ed)* – Isolierung, Sperrung
K *kilo* – Kilo = 10^3
LIN *linear taper* – linearer Verlauf
LOG *logarithmic taper* – log. Verlauf
MEG *meg* – Mega = 10^6
M *milli* – Milli = 10^{-3}
MINAT *minature* – Kleinausführung
METFLM *metal film* – Metallfilm (z.B. Metallfilmkondensator)
MFR *manufacturer* – Hersteller, Produzent
MOM *mounting* – Montage, Installation
MTG *momentary* – Momentanwert
MY *mylar* – Isolationsfolie (z.B. Folienkondensator)
NC *normally closed* – Ruhelage, Ausgangslage geschlossen
NE *neon* – Glimmlampe
NO *normally open* – Ruhelage-, Ausgangslage offen
NPO *negative positive zero* – negativ-, positiv Null
NSR *not separately* – nicht einzeln auswechselbar
OBD *order by description* – Anweisung in der Beschreibung
OX *oxide* – oxydisch
P *peak* – Spitzenwert
PC *printed circuit board* – Leiterplatte
PF *picofarads* – Picofarad (10^{-12} Farad)
PP *peak-to-peak* – Spitze-Spitze-Wert
PIV *peak inverse voltage* – inverse Spitzenspannung
POR *porcelain* – porzellanartig, Porzellan
POS *position(s)* – Stelle, Ort
POLY *polystyrene* – Kunststoffolie (Polysteren)
POT *potentiometer* – Einstellwiderstand, Trimmpoti
RECT *rectifier* – Gleichrichter

RMS *root-mean-square* — mittlere Quadratwurzel (Effektivwert)
RMO *rack mount only* — Leergehäuse, nur Gestellaufbau
S-B *slow blow* — verzögernd, langsame Auflösung
SE *selenium* — Selen
SECT *section(s)* — unterteilt, Gruppe(n)
SI *silicon* — Silizium
SIL *silver* — Silber
SL *slide* — Schieber, Gleitschiene
SPL *special* — besonders
TA *tantalum* — Tantal
TD *time delay* — Zeit verzögert
TI *titantium dioxide* — Tantaldioxid
TOG *toggle* — Gelenk, kippen (toggle switch — Kipphebel)
TOL *tolerance* — Toleranz
TRIM *trimmer* — Trimmer
TWT *traveling wave tube* — Wanderwellenröhre
U *micro* — Mikro = 10^{-6}
VAC *vacuum* — Vakuum
VAR *variable* — einstellbar, veränderlich
W *watts* — Watt
WW *wirewound* — Drahtwickeln

10.3 Teilerverhältnis von Spannungsteilern U_{Eing}/U_{Ausg} = R1+ R2/R2 = n

Beispiele (grau unterlegt)

$$\frac{3{,}3 + 1{,}5}{1{,}5} = 3{,}2$$

$$\frac{100 + 6{,}8}{6{,}8} = 16$$

																							n =
1																							
1,5																							2,5
2,2																						2,5	3,2
3,3																					2,5	3,2	4,3
4,7																				2,4	3,1	4,1	5,7
5,6																			2,2	2,7	3,5	4,7	6,6
6,8																		2,2	2,4	3,0	4,1	5,5	7,8
8,2																	2,2	2,5	2,7	3,5	4,7	6,5	9,2
10																2,2	2,5	2,8	3,1	4	5,5	7,7	11
15															2,5	2,8	3,2	3,7	4,2	5,5	7,8	11	16
22														2,5	3,2	3,7	4,2	4,9	5,7	7,7	11	16	23
33													2,5	3,2	4,3	5	5,9	6,9	8	11	16	23	34
47												2,4	3,1	4,1	5,7	6,7	7,9	9,4	11	15	22	32	48
56											2,2	2,7	3,5	4,7	6,6	7,8	9,2	11	13	18	26	38	57
68										2,2	2,4	3	4,1	5,5	7,8	9,3	11	13	15	22	32	46	69
82									2,2	2,5	2,7	3,5	4,7	6,5	9,2	11	13	16	18	26	38	56	83
100								2,2	2,5	2,8	3,1	4	5,5	7,7	11	13	16	19	22	31	46	68	101
150							2,5	2,8	3,2	3,7	4,2	5,5	7,8	11	16	19	23	28	33	46	69	101	151
220						2,5	3,2	3,7	4,2	4,9	5,7	7,7	11	16	23	28	33	40	48	68	101	147	221
330					2,5	3,2	4,3	5	5,9	6,9	8	11	16	23	34	41	49	60	71	101	151	221	331
470				2,4	3,1	4,1	5,7	6,7	7,9	9,4	11	15	22	32	48	58	70	85	101	143	215	314	471
560			2,2	2,7	3,5	4,7	6,6	7,8	9,2	11	13	18	26	38	57	69	83	101	120	171	256	374	561
680		2,2	2,4	3	4,1	5,5	7,8	9,3	11	13	15	22	32	46	69	84	101	122	146	207	310	454	681
820	2,2	2,5	2,7	3,5	4,7	6,5	9,2	11	13	16	18	26	38	56	83	101	122	147	175	249	374	548	821

Der Teilerfaktor bei vorgegebenen unbelasteten Spannungsteilern kann abgelesen werden. Die Widerstandsreihe entspricht E6 erweitert um die Werte 5, 6 und 8,2. Zwischenwerte aus E12 bis E 48 können ohne größeren Fehler auf die Tabellenwerte auf-, bzw. abgerundet werden.
Die Teilerfaktoren über drei Dekaden ermöglichen das direkte Ablesen von Teilerwerten in Kiloohm und Megaohm.
Für Teilerwerte von Megaohm durch Ohm oder Kiloohm können die entsprechenden Teilerfaktoren ebenfalls abgelesen werden. Z.B.: R1 = 6,8 MΩ und R2 = 47 kΩ. Zuerst werden beide Widerstandswerte um den Faktor 100 erweitert: R1 = 680 MΩ, R2 = 4,7 MΩ. Zu diesen Werten kann der Teilerfaktor zu n = 146 abgelesen werden.
Die Tabelle kann auch für die Bestimmung von Teilerfaktoren bei kapazitiven und induktiven Teilern angewendet werden.

10.4 Parallelschaltung von Widerständen, Serienschaltung von Kondensatoren

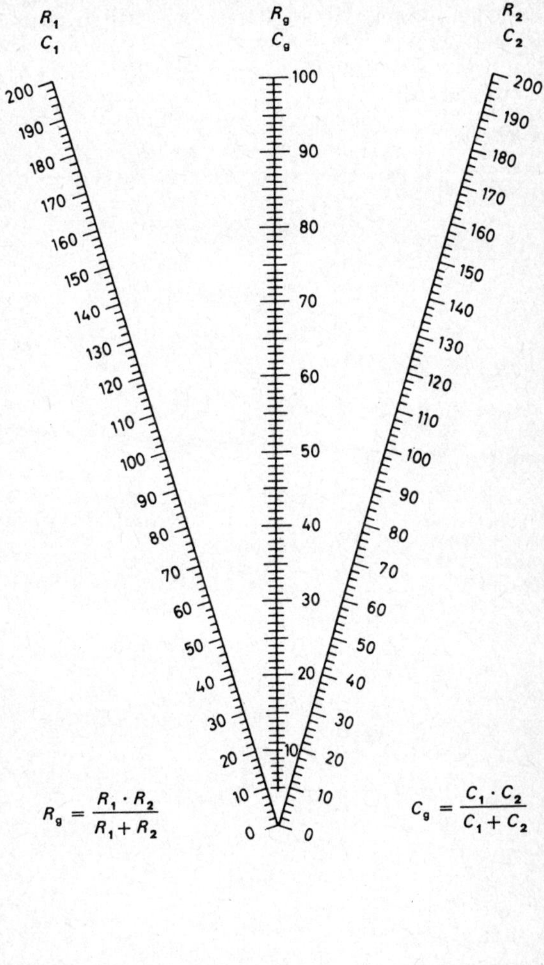

$$R_g = \frac{R_1 \cdot R_2}{R_1 + R_2}$$

$$C_g = \frac{C_1 \cdot C_2}{C_1 + C_2}$$

10.5 Widerstand, Spannung, Strom, Leistung

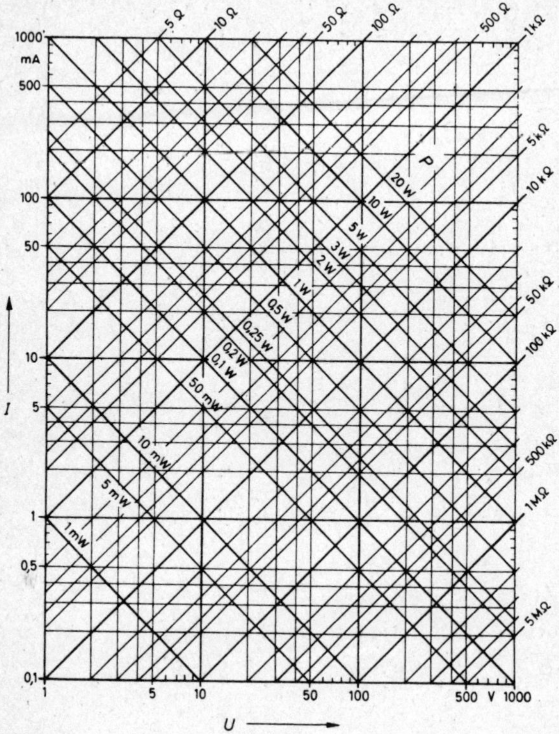

$$P = U \cdot I = \frac{U^2}{R} = I^2 \cdot R$$

10.6 Internationaler Farbcode für Widerstände, Kondensatoren und Dioden

Farbe	1. und 2. Ring	3. Ring	4. Ring
	1. und 2. Ziffer	Zahl d. Nullen	Toleranz in %
schwarz	0	0	–
braun	1	1	1
rot	2	2	2
orange	3	3	3
gelb	4	4	4
grün	5	5	5
blau	6	6	6
violett	7	7	7
grau	8	8	8
weiß	9	9	9
gold		×0,1*	5
silber		×0,01*	10
ohne Farbe			20

*Multiplikator für Werte unter 10

Nennwerte für Widerstände und Kondensatoren

E 3	1,0								2,2								4.7							
E 6	1,0				1,5				2,2				3,3				4,7				6,8			
E 12	1,0		1,2		1,5		1,8		2,2		2,7		3,3		3,9		4,7		5,6		6,8		8,2	
E 24	1.0	1,1	1,2	1,3	1,5	1,6	1,8	2,0	2,2	2,4	2,7	3,0	3,3	3,6	3,9	4,3	4,7	5,1	5,6	6,2	6,8	7,5	8,2	9,1

10.7 Kennzeichnungsschlüssel für Tantalelektrolytkondensatoren (DIN 40820)

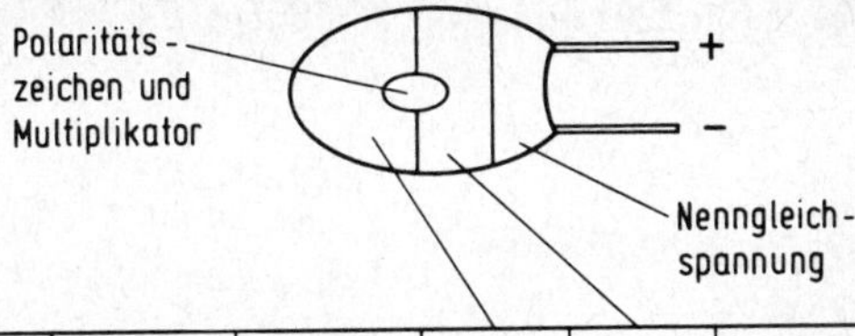

Farbe	Nenn-spannung	Farbe	1. Ziffer	2. Ziffer	Multi-plikator
		schwarz	-	0	× 1 µF
weiß	3 V	braun	1	1	× 10 µF
gelb	6,3 V	rot	2	2	× 100 µF
schwarz	10 V	rosa	3	3	
grün	16 V	gelb	4	4	
blau	20 V	grün	5	5	
grau	25 V	blau	6	6	
rosa	35 V	violett	7	7	
		grau	8	8	× 0,01 µF
		weiß	9	9	× 0,1 µF

Bei älteren, bis Ende 1967 gefertigten Tantalelektrolytkondensatoren ist die Kappe nur Multiplikator, der rote Punkt nur Polaritätszeichen, der erste Ring die 1. Ziffer und der zweite Ring die 2. Ziffer.

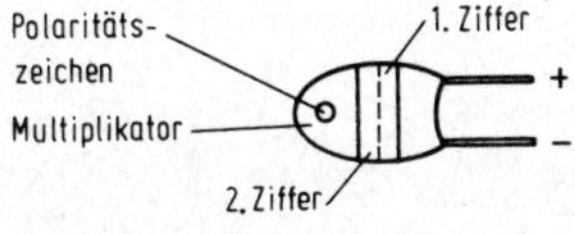

10.8 Transistoranschlüsse

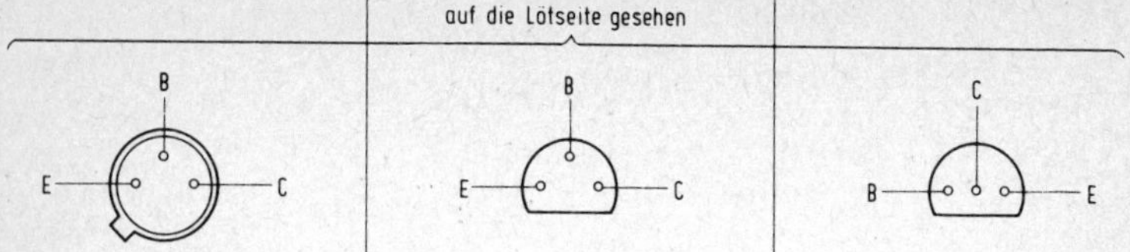

TO 18
BC 107 NPN
BC 109 NPN
BFY 39 NPN

TO 5
BSY 55 NPN
2 N 2905 A PNP

BC 171 NPN
BC 173 NPN
BC 182 → TIS 60 M
BC 212 → TIS 61 M
BC 174 NPN
BC 256 PNP

2 N 3703
TIS 60 M
TIS 61 M

Gehäuse SOT 9

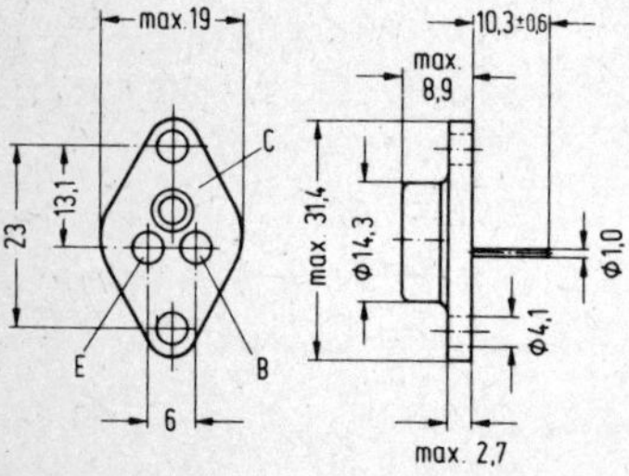

AD 161, AD 162, AD 152, BD 107, BD 106
PNP NPN NPN

Gehäuse TO 3

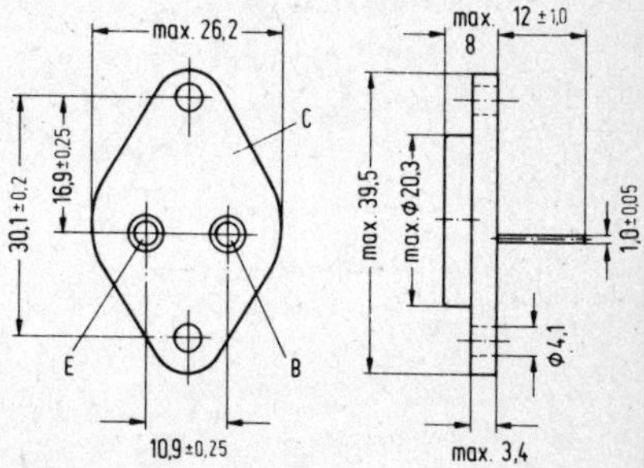

AD 131, AD 149, ASZ 16, 2 N 3055
PNP PNP PNP NPN

Lötpunkte auf der Platine

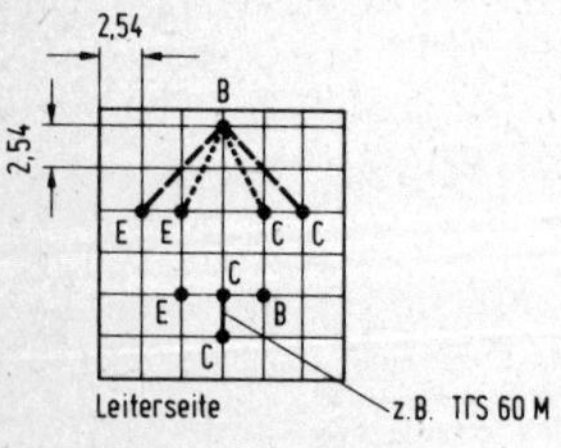

---- TO 5 (großes Gehäuse)
- - - - TO 18 (kleines Gehäuse)

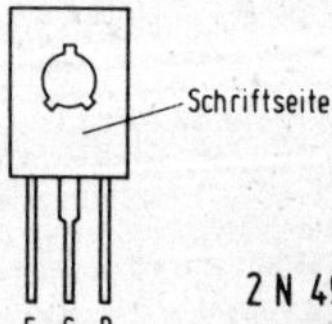

2 N 4919 PNP
2 N 4922 NPN

10.9 Symbole für Flußdiagramme nach DIN 66001

Sinnbild	Bedeutung	Erläuterung bzw. Anwendung
	Operation allgemein	z.B. Transportieren, Rechnen, Löschen, Modifizieren, Vergleichen
	Verzweigung	Der Programmablauf soll aufgrund einer oder mehrerer Bedingungen variiert werden. Es ergeben sich mindestens zwei Ausgänge, die zu kennzeichnen sind (ja oder nein). Ein Sonderfall ist der programmierte Schalter.
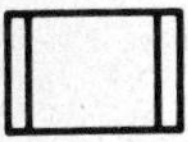	Unterprogramm	Darstellung eines in sich geschlossenen Programmteils. Unterprogramme können von mehreren Stellen angesprungen werden. Es sollte nur einen Eingang und einen Ausgang haben.
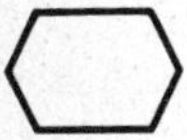	Programmmodifikation	z.B. das Setzen von programmierten Schaltern oder das Ändern von Indexregistern (ersetzbar durch ,,Operation allgemein'').
	Operation von Hand	z.B. Eingabe von Steuer-, Kontroll- und Korrekturdaten; Operator-Konsole. (Nur in Ausnahmefällen anwenden).
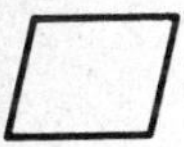	Eingabe Ausgabe	Darstellung der Ein- und Ausgabe periferer Geräte. Die Art der Ein- und Ausgabe soll aus der Beschriftung hervorgehen.
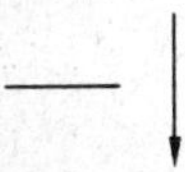	Ablauflinie	Vorzugsrichtungen: von oben nach unten von links nach rechts Die Ablauflinie kann mit einer Pfeilspitze versehen sein.
	Zusammenführung	Der Ausgang ist immer mit einer Pfeilspitze zu kennzeichnen. Sich kreuzende Ablauflinien sind keine Zusammenführung und sind zu vermeiden.
	Übergangsstelle	Der Übergang kann von mehreren Stellen aus, aber nur zu einer Stelle hin erfolgen. Zusammengehörige Übergangsstellen sind gleich zu bezeichnen.
	Grenzstelle	Darstellung von z.B. Start, Ende, Zwischenhalt. Das Sinnbild ist durch eine Eintragung zu ergänzen.
	Bemerkung	Dieses Sinnbild kann an jedes andere Sinnbild angefügt werden.

10.10 Erläuterung der Anschlußbezeichnungen von digitalen ICs

Die Kurzbezeichnungen an den Anschlüssen der integrierten digitalen Schaltungen (vgl. Abb. 5.18) sind Abkürzungen aus der englischen Fachliteratur.

Die folgenden Listen enthalten in der ersten Spalte die Abkürzungen in alphabetischer Reihenfolge. In der zweiten Spalte wird die ungekürzte Bedeutung in englischer Sprache wiedergegeben. Die dritte Spalte enthält die deutsche Bezeichnung mit Anwendungserläuterungen.
Die Bezeichnungen sind nicht genormt.

Digitale Bausteine

Anschlußbezeichnung	Ausgeschrieben in englischer Sprache	Bezeichnung und Erläuterung in deutscher Sprache
A, B. . .	Inputs	Eingänge in alphabetischer Reihenfolge
Clear	Clear-Input	Löscheingang, Flipflop Rücksetzen
Clock	Clock-Input	Takteingang
C_n	Input-Increment	Übertragseingang, Inkrementeingang
C_{n+1}	Carry-Output	Übertragsausgang
EI	Even-Input	Eingang für Gleichheit (arithm.)
ENA	Enable-Input	Freigabe des Bausteines bzw. der Eingänge
G	Generate	Übertragungsausgang
INP	Input	Eingang
J	J-Input	Eingang JK-Flipflop
K	K-Input	Eingang JK-Flipflop
L	Shift-left-Input	Eingang für Links schieben
M	Mode	Betriebsart
NC	Not connected	Anschluß nicht belegt
OI	Odd-Input	Eingang für Ungleichheit (arithm.)
OUT	Output	Ausgang

Digitale Bausteine (Fortsetzung)

Anschluß-bezeichnung	Ausgeschrieben in englischer Sprache	Bezeichnung und Erläuterung in deutscher Sprache
P	Propagate	Übertragungsausgang
Preset	Preset-Input	Eingang, Flipflop Setzen
Q	Output	Ausgang
R	Shift-Right-Input	Eingang für rechts schieben
RCK	Register Clock	Takteinang für Register
RCO	Ripple Carry-Output	Übertragsausgang
WS	Word select	Datenwortauswahl
X, Y. . .	Outputs	Ausgänge in alphabetischer Reihenfolge
Σ	Arithmetik-Output	Summenausgang, z.B. Volladdierer

Computer-Bausteine (Tri-state Funktion)

Anschluß-bezeichnung	Ausgeschrieben, in englischer Sprache	Bezeichnung und Erläuterung in deutscher Sprache
$A_o...A_n$	Address	Adressenausgang, bzw. -eingang
$AD_0...AD_n$	Address-data	Kombinierter Adress- und Datenausgang und -eingang in zeitlicher Reihenfolge (gemultiplext)
AEN	Address enable	Adressfreigabe
ALE	Address-latch-enable	Adressenspeicher-Freigabe
B	Blank	Freigabe
BD	Blank display	Anzeige-Freigabe
BF	Buffer full	Zwischenspeicher voll
BP	Tone enable	Tonfreigabe
BUSEN	Bus enable	Busfreigabe
CE	Chip enable	Bausteinauswahl, bzw. Bausteinfreigabe

Computer Bausteine (Tri-state Funktion), (Fortsetzung)

Anschluß-bezeichnung	Ausgeschrieben, in englischer Sprache	Bezeichnung und Erläuterung in deutscher Sprache
CLK	Clock	Takteingang, bzw. -ausgang
CLR	Clear	Löscheingang für Speicher
CNTL	Control	Kontrollanschluß
CS	Chip select	Funktion wie CE
CTS	Clear to send data	Sendebereitschaft
$D_0 ... D_n$	Data	Datenleitung bidirektional (Datenbusleitung)
DACK	DMA acknowledge	DMA-Freigabe
DBIN	Data bus input	Datenbuseingabe frei
DBUSE	Data bus enable	Datenbus-Freigabe
DI	Data input	Dateneingang bei Schnittstellenbausteinen (I/O-Ports)
DIEN	Data input enable	Dateneingabe freigeben
DMA	Direct memory access	Direkter Speicherzugriff
$DO_0 ... DO_n$	Data output	Datenausgang
DRQ	Direct memory request	DMA-Anforderung
DS	Data select	Bausteinauswahl, bzw. -freigabe; Datenauswahl
DSR	Data set ready	Datenübertragungseinrichtung bereit
DTR	Data terminal ready	Datenstation bereit
E	Enable	Freigabe
ECS	Enable correct selected	Freigabe der richtigen Daten
ELR	Enable read	Lesefreigabe für Unterbrechungsebene
ERROR	Error	Fehler
GND	Ground	Bezugspotential für Betriebsspannung V_{ss} und V_{cc}
HLD	Hold	Halteanforderung
HLDA	Hold acknowledge	Quittierung der Halteanforderung

Anschlußbezeichnung	Ausgeschrieben, in englischer Sprache	Bezeichnung und Erläuterung in deutscher Sprache
HRQ	Hold request	Haltefreigabe
$I_0 ... I_n$	Input	Eingang
INT	Interrupt	Unterbrechung des Prozessors
INTA	Interrupt acknowledge	Unterbrechungs-Quittierung
INTE	Interrupt enable	Unterbrechungsfreigabe
INTR	Interrupt request	Unterbrechungsfreigabe
$IO_0 ... IO_n$	Input-Output	Eingang-Ausgang, Bezeichnung für bidirektionalen Datenbus
IOR	Input-output read	Eingang-Ausgang lesen
IOW	Input-Output write	Eingang-Ausgang schreiben
IR	Interrupt request	Unterbrechungsfreigabe
IRQ	Interrupt request	Unterbrechungsfreigabe
KCL	Key clock	Taktgeber
M	Matrix scan lines	Matrix-Scan-Anschluß
MD	Mode	Betriebsart-Freigabe, z.B. Speicher- oder Kanalbaustein
MEMR	Memory read	Speicher lesen
MEMW	Memory write	Speicher schreiben
$O_0 ... O_n$	Output	Ausgang
OD	Output disable	Ausgang sperren
$OD_{0...7}$	Output data	Datenausgang
OE	Output enable	Ausgangsfreigabe
PA,PB,PC	Port A,B,C	Kanalausgänge, bzw. -eingänge
RxC	Receiver clock	Empfangs-Takt
RD	Read	Freigabe Lesen
READY	Ready	Zustandsmeldung "Fertig"

Computer Bausteine (Tri-state Funktion), (Fortsetzung)

Anschluß-bezeichnung	Ausgeschrieben, in englischer Sprache	Bezeichnung und Erläuterung in deutscher Sprache
RESET	Reset	Rückstelleingang für Befehlszähler
RxD	Receiver data	Empfangs-Daten
RL	Return lines	Rückholanschluß
RxRDY	Receiver ready	Empfänger bereit
RST	Restart	Unterbrechungseingänge für bestimmte Adressen
RTS	Request to send	Sendeaufforderung
S	Select	Bausteinauswahl, bzw. Freigabe
SGS	Status groupe select	Auswahl der Zustandsgruppe
SID	Serial input data	Serieller Dateneingang
SL	Scan lines	Scananschluß
SOD	Serial output data	Serieller Datenausgang
SP	Slave programm	Hilfsprogrammfreigabe
STB	Strobe	Übernahme
Syndet	Synchron detect	Synchronisationserkennung
SYNC	Synchron	Synchronisierungstakt
TxC	Transmitter Clock	Sendetakt
TxD	Transmitter Data	Sende Daten
TxE	Transmitter empty	Sendepuffer leer
Trap	Trap	Unterbrechungsanforderung
V_{cc}	Voltage circuit	Betriebsspannung, z.B. +5V
V_{ss}	Voltage source	Betriebsspannung, z.B. –5V
WAIT	Wait	Wartezustand, Ausgangsfunktion
WE	Write enable	Freigabe für Speicher schreiben
WR	Write	Freigabe schreiben, entspricht WE

Sachverzeichnis

A

Adress-Bus 77
Arbeits|punkt 18
– stabilisierung 33
AWL 121

B

Bandpaßverstärker 14
Belegungsplan 98
Begrenzer 34, 35
Binärzähler 60
Blockschema 84
Brückenzweig 28
BUS-Leitung 75
BUS-Steuerung 79
BUS-System 76

C

Computer-Systeme 89

D

Daten-Bus 75
Datenleitungen 72
Datenwähler 79
Dreieckfunktion 52

E

Eingabe-|Ausgabe-Baustein 7 8
Emitterfolger 16
Entkopplung 42
EPROM 78
Explosionszeichnung 103

F

Flipflop 18
Folgeschaltung 123
Funktions|abläufe 56
– diagramm 111
– generator 52
– gruppen 11
FUP 120

G

Gegenkopplung 46
Generator 11
Gesamtfunktion 11
Gleichtaktsignale 35
Grenzwerte 112
Grundschaltungen 11

H

Hilfsfunktionen 17
Hochimpedanz 72

I

Impuls|former 14
– schaltung 24
Initialisierung 79
Interface 36
Interface-Schaltung 67

K

Kennziffer 113
Kippstufe 57
Klangeinsteller 57

KOP 119
Koppelkondensator 16
Kopplungen 31, 42

L
Leitungsvielfache 77
Logikschaltungen 61

M
Meßverstärker 21
Mikrocomputerschaltung 78
Mikroprozessor-Systeme 78
Mischoszillator 41
Mitkopplung 51
Multivibrator, astabil 25

N
Nebenfunktionen 17
Netzwerke 17

O
Oszillator 51

P
Phasenkompensation 24
Planquadrate 106
Polarität 5
Programmanlaufplan 115
Prüfsteuerung 78

R
Rechteckgenerator 11
Referenzplan 97
Regelschaltung 14
Rückstellogik 61

S
Schmitt-Trigger 13
Schutzfunktion 25
Signal|generator 1
– wege 56
Sinus|generator 11
– oszillator 58
SPS 118
Stabilisierungsschaltung 48
Status-Signal 80
Stereoendstufe 49
Steuerbus 75
Stromrichtung 9
Stufe 9
SW-FIFO 81

T
Takteingang 20
Teileliste 100
Temperaturbereich 114
Tri-state 68
Typenreihe 114

U
Übersichtspläne 84
Überspannungs|ableiter 35
– schutz 35
USART 82

V
Verbindungskopplung 43
Verstärker 18, 58
Vorwiderstand 35

Z
Zähler 60
Zählkette 26
Zuordnungsliste 119

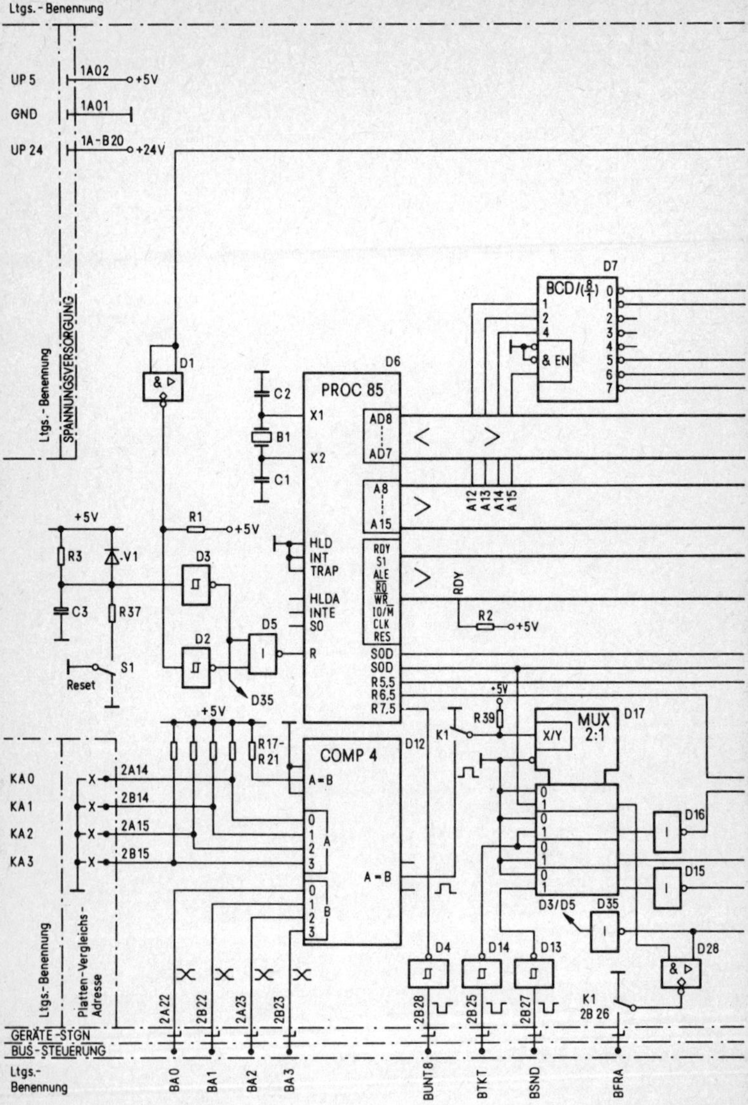

5.18 Prüfsteuerung

D26
&
2B24
BBEL

Was halten Sie von diesem Buch?
Das würden wir gerne wissen.
Setzen Sie bitte ein paar Stichworte auf! Danke!

Buchtitel
und Urteil

Fachgebiete, die mich interessieren:

- ☐ Hobby-Elektronik
- ☐ Elektroakustik
- ☐ Unterhaltungs-Elektronik
- ☐ Professionelle Elektronik
- ☐ Computerpraxis
- ☐ Amateurfunk
- ☐ Elektrotechnik
- ☐ Nachrichtentechnik

Auf dieses Buch wurde ich aufmerksam durch:

- ☐ Prospekt
- ☐ Besprechung
- ☐ Schaufenster
- ☐ Anzeige
- ☐ Empfehlung

Name, Vorname

Beruf

Straße

PLZ, Ort

Hiermit bestelle ich aus dem Franzis-Verlag:

Bücher: (bitte die ISBN-Nr. ergänzen)

ISBN-Nr.

3-7723- ____________________

3-7723- ____________________

3-7723- ____________________

Disketten: (bitte die ISBN-Nr. ergänzen)

3-8178- ____________________

3-8178- ____________________

3-8178- ____________________

____ Verlagsverzeichnis EDV/Informatik (kostenlos)

____ Verlagsverzeichnis Elektronik (kostenlos)

____ Taschenbuch-Verzeichnis (kostenlos)

____ Franzis-Software-Service Lieferprogramm (kostenlos)

Lieferung der Bücher durch die Buchhandlung:

____

Wenn keine Firma eingesetzt, bitte an umseitige Adresse

bitte als
Postkarte
frankieren

Franzis-Verlag
GmbH
Vertriebsabteilung Bücher
Postfach 37 01 20

8000 München 37

ELO

Das Magazin für Elektronik und Computer

Das Magazin ELO ist für einen Kreis von Lesern gemacht, die als Einsteiger in die Elektronik ihrem Computer neue Anwendungsbereiche erschließen möchten: Messen, Regeln, Erfassen, Auswerten. In der ELO gibt es dazu die leicht zu realisierenden Bauanleitungen, mit denen sich Hardware verändern oder komplett selberbauen läßt. In der ELO wird die Elektronik nahtlos mit der Computertechnik verbunden. Denn Elektronik verstehen heißt auch Computer verstehen.
Erscheinungsweise: monatlich, Jahresabonnement DM 55,20

Elektronik

Fachzeitschrift für Entwickler und industrielle Anwender

Die „Elektronik“ informiert durch Berichte und Fachaufsätze zu den Themen Bauelemente, Digitaltechnik, Mikroprozessoren-Anwendung und Programmierung, Meßtechnik, Steuer- und Regeltechnik, Datentechnik, Fertigungstechnik, allgemeine Industrie-Elektronik, Automatisierungs-Elektronik. Diese Themen werden ergänzt durch Marktberichte, Produktinformationen und Branchennachrichten.
Erscheinungsweise: 14täglich, Jahresabonnement DM 137,–

Funkschau

Zeitschrift für Unterhaltungselektronik und Telekommunikation

Die Funkschau ist die einzigartige Informationsquelle für alle, die sich in wirtschaftlich oder technisch verantwortlichen Positionen mit den Bereichen Telekommunikation und Unterhaltungselektronik beschäftigen. Technik und Wirtschaft dieser Branchen stehen unter nationalen und internationalen Gesichtspunkten im Mittelpunkt der Berichterstattung.
Erscheinungsweise: 14täglich, Jahresabonnement DM 110,–

VMEbus

Ein Magazin der ELEKTRONIK

VMEbus informiert Software-Ingenieure, Systementwickler und Anwender von Datentechnik über Baugruppen mit VMEbus-Anschluß. Zentraleinheiten, Speicherkarten, Ein- und Ausgabe-Platinen sowie Controllerboards für Massenspeicher werden ausführlich behandelt.
Erscheinungsweise: viermal im Jahr 1987 Jahresabonnement DM 30,–, sechsmal im Jahr 1988, Jahresabonnement DM 50,–

mc

Die Mikrocomputer-Zeitschrift

mc bringt Fachbeiträge zu den Themen Mikrocomputer, Bürocomputer und Peripherie, Programmiersprachen und Betriebssysteme. Breiten Raum nehmen Testberichte ein. Im Software-Bereich werden Programme geprüft und mit ausführlichen Hinweisen zu Funktionsweise und Inbetriebnahme veröffentlicht. Grundlagenbeiträge, Produktinformationen und Branchennachrichten runden das Informationsangebot für den Leser ab.
Erscheinungsweise: monatlich, Jahresabonnement DM 70,–

MEGA

Das Technik-Magazin für Führungskräfte

MEGA wird für Entscheider und Planer gemacht, die in Unternehmen über den Einsatz neuer Techniken befinden und an Systemlösungen zur rechnerintegrierten Produktion (CIM) mitarbeiten. MEGA zeigt Perspektiven für das Informations Management auf und gibt Entscheidungshilfen für informationstechnische Einrichtungen und deren Handhabung.
Erscheinungsweise: zweimonatlich, Jahresabonnement DM 80,–